Aquarellmalerei
Landschaften

Gerhard Hillmayr

Aquarellmalerei
Landschaften

ENGLISCH VERLAG

Die Deutsche Bibliothek – CIP-Einheitsaufnahme
Aquarellmalerei: Landschaften / Gerhard Hillmayr. –
Wiesbaden: Englisch 1999
ISBN 3-8241-0963-8

ISBN 3-8241-0963-8

Printed in Spain

Inhaltsverzeichnis

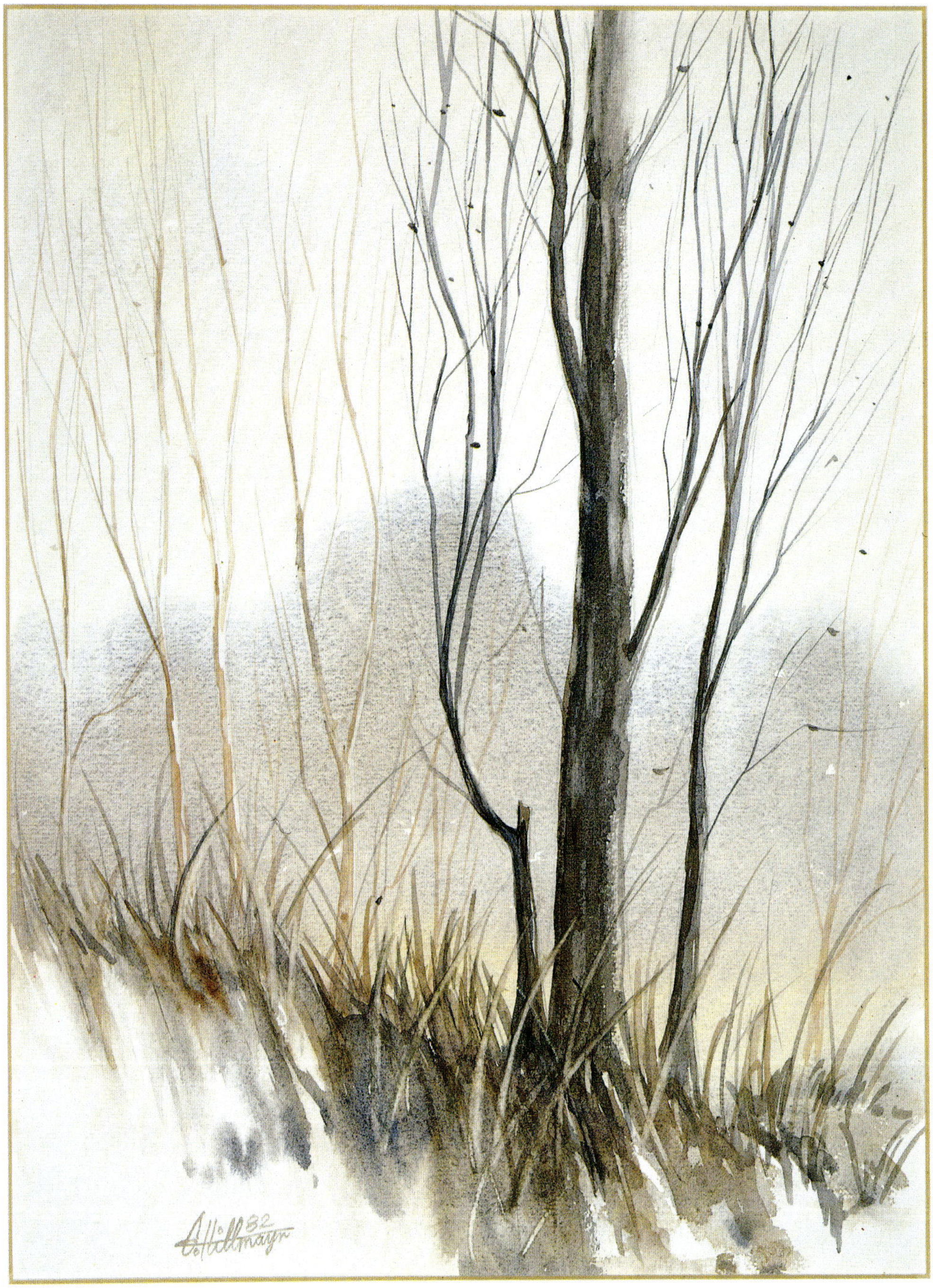

Vorwort

In der Natur zu sitzen und malen oder zu Hause Erinnerungen lebendig werden lassen, das sind Erlebnisse, doch für viele leider nur Träume.

Da Sie sich mit diesem Buch beschäftigen, nehme ich an, Sie wollen den Traum verwirklichen. Wer es nicht wagt, wird nie den Unterschied kennenlernen zwischen Urlaubsfoto und einer gemalten Erinnerung. Jedesmal wenn ich meine Urlaubsaquarelle betrachte, rieche ich die südländischen Kräuter oder höre die Brandung des Meeres. Wer sich allen äußeren Einflüssen aussetzt, um das Wesen einer Landschaft zu erforschen, wird diese Momente nicht vergessen. Doch ein schöner Farbkasten und ein be-

linke Seite: Dem Licht entgegen, 29 × 39 cm

quemer Platz im Schatten sind nicht alleine maßgebend, nur mit viel Liebe zur Natur und einem starken Bedürfnis zu malen erreicht man den Erfolg.
„Das werde ich nie können . . .", diesen oder ähnliche Sprüche höre ich immer wieder. Ich selber kann mich an die Zeit erinnern, als ich noch nicht malen konnte, aber Gesehenes und Erlebtes unbedingt festhalten und für andere sichtbar machen wollte.
Malen und Zeichnen kann man erlernen, und Talent ist meines Erachtens nicht viel mehr als der Wille, dies zu tun. Auch in diesem Metier ist noch kein Meister vom Himmel gefallen. Falls Sie anstreben, die Aquarellmalerei zu beherrschen, muß ich Sie warnen: Es ist ein Trugschluß zu denken, das Malen mit „Wasserfarben" sei leicht, weil es so einfach aussieht und schon im Kindergarten praktiziert wird. Die Leichtigkeit, die viele Aquarelle auszeichnet, setzt doch einige Erfahrung voraus, vielleicht mehr noch als andere Maltechniken.
Die Aquarellmalerei ist ein Abenteuer. Nicht wegen der Gefahr, sich beim Malen einer Winterlandschaft zu erkälten oder im Sommer sich die Haut zu verbrennen, nein, Abenteuer deshalb, weil man Höhen und Tiefen, Freude und Frustration erlebt. Aber wer einmal davon fasziniert ist, kommt nicht mehr los.
Beim Zusammenstellen dieses Buches war es mein Anliegen, nicht langweilige technische Übungen aneinanderzureihen oder weit in Theorie auszuschweifen. Ich möchte Ihnen einen Weg zum Aquarell zeigen, bei dem das Erlebnis der Landschaft im Mittelpunkt steht und der auch den etwas Erfahreneren mehr Sicherheit und neue Impulse gibt.
Frustration ist allerdings vorprogrammiert, wenn man mit der Erwartung an die Arbeit geht: Heute schaffe ich ein Meisterwerk. Es gibt kein absolutes Ziel in der Malerei, bei dem angekommen man die Beine hochlegen und sich auf seinen Lorbeeren ausruhen kann. Manchmal schaut man zurück und sagt: „Das habe ich bewältigt", und stellt gleichzeitig fest, man hat schon wieder neue Ideen und Erwartungen. Das wiederum ist die Grundlage zu einem endlosen Lernprozeß.

Ich wünsche Ihnen, daß Sie mit diesem Buch viele schöne Stunden beim Malen in der Landschaft oder zu Hause erleben. Wenn Sie dann zu der Feststellung kommen, vieles in der Natur jetzt bewußter zu erleben und wahrzunehmen, dann sind Sie auf dem richtigen Weg.

Einleitung

Bilder entstehen in der Phantasie des Künstlers und sind Interpretationen, keine Kopien der Natur.

Speziell die Aquarellmalerei erfordert ein hohes Maß an interpretativem Ideenreichtum, da dies eine sehr direkte und spontane Technik mit wenig Möglichkeiten zur Korrektur ist. Um sich ausdrücken zu können, muß man zuerst die Sprache oder andere kommunikative Mittel beherrschen, und so müssen wir, um unsere Bildideen mitzuteilen, eine entsprechende „Bildsprache" erlernen. Mit dieser „Bildsprache", oder besser gesagt mit den Grundlagen, wollen wir uns zuerst befassen. Die in diesem Buch gezeigten Techniken sind traditionelle Aquarelltechniken, präsentiert und erklärt mit Beispielen aus meiner Erfahrung als Kursleiter, und wie ich sie anwende in meinen Arbeiten. Mein Ziel ist es, stets mit wenig technischem Aufwand und ohne viel Tricks und Spielereien, das Wesentliche festzuhalten. Wenn Sie diese Grundtechniken studieren und üben, werden Sie bald auch selbst viele Ideen für Ihre individuellen Interpretationen entwickeln.

Der zweite Teil des Buches ist dem Motiv gewidmet, wie und wo man es findet und wie man es umsetzt. Kurzum, wir befassen uns damit, wie man „richtig sieht" und wie man aus dem Gesehenen Bilder macht. Sie werden jetzt sagen, ich muß nicht erst dieses Buch lesen, um „Sehen zu lernen", aber je mehr Sie sich mit der Malerei beschäftigen, um so mehr wird Ihnen bewußt, daß Maler anders sehen, auf andere Dinge achten und daß sie viel besser wahrnehmen. Je mehr es Ihnen gelingt, mit den Augen eines Malers zu sehen, um so leichter werden Sie Motive finden und um so leichter werden diese umzusetzen sein.

Nun aber wünsche ich Ihnen viel Spaß beim Malen, und bedenken Sie, wenn Sie ein Musikinstrument spielen wollen, müssen Sie auch erst üben, denn, Sie erinnern sich, es ist noch nie ein Meister vom Himmel gefallen.

Materialbedarf

Diesem Thema allein könnte man viele Seiten widmen, aber es wird oft auch überbewertet, denn schließlich kommt es nicht nur auf das Werkzeug an, sondern was man damit macht. Es ist heutzutage üblich, viel Geld für sein Hobby zu investieren. Das gleiche könnten Sie hier auch tun. Mein Rat ist, schaffen Sie sich eines nach dem anderen an, so lernen Sie Ihr Werkzeug und Material am besten kennen und schätzen.

In den folgenden Zeilen will ich Ihnen kurz einige Hinweise zur Materialbeschaffung geben. Dies soll eine Übersicht und Information sein, keine Aufforderung zum sofortigen Kauf. Ich werde in den einzelnen Kapiteln erwähnen, was Sie für die jeweiligen Übungen brauchen. Besorgen Sie sich die beste Qualität, die Sie sich leisten können. Die Aquarellmalerei ist schwierig genug, da sollte man nicht noch mit minderwertigem Material zu kämpfen haben. Malen ist kein teures Hobby, wenn Sie es mit anderen vergleichen und wenn Sie bedenken, daß Sie an Ihren Pinseln und Farben lange Zeit Freude haben werden. Natürlich gibt es eine Vielfalt an Material, und man entwickelt so seine Vorlieben und Gewohnheiten mit der Zeit. Die folgenden Vorschläge sind auf meiner Erfahrung und Praxis aufgebaut. Bitte fühlen Sie sich frei, auch mit anderem Material und Zubehör zu arbeiten.

Pinsel

Sie sollten drei Aquarellpinsel (Rundpinsel) in den Größen 4, 8 und 12 haben, wenn Sie gerne größere Bilder malen noch einen der Größe 16.

Praktisch sind auch flache Pinsel, zum Beispiel in den Größen 12 und 20. Beispiele für deren Anwendung finden Sie in diesem Buch. Am besten sind Pinsel aus Kolinsky-Rotmarderhaar, aber auch Synthetikfasern haben eine hohe Elastizität und sind preiswerter. Der Nachteil besteht in geringeren Farbaufnahmefähigkeiten gegenüber Naturhaaren. Egal für was Sie sich entscheiden, achten Sie auf eine gute Elastizität, das heißt, die Haare sollten im nassen Zustand immer zu einer schönen Spitze zurückspringen. Bleiben sie abgebogen, taugt der Pinsel nichts.

Farben

Für den Anfänger scheint es oft sehr wichtig zu sein, möglichst viele Farben im Kasten zu haben. Das verführt unwillkürlich dazu, nach dem Zufallsprinzip mal in diese und dann wieder in jene zu greifen. Wenn Sie den Vorschlägen in diesem Buch folgen und sich zuerst auf höchstens drei bis vier Farben in jedem Bild beschränken, lernen Sie diese besser kennen und erfahren auch, wie sie sich in der Mischung gegenseitig beeinflussen. Nach und nach werden wir dann unsere Palette erweitern. Hier eine Liste der Farben, die ich verwende. Bitte berücksichtigen Sie, daß sie sich von Hersteller zu Hersteller manchmal etwas unterscheiden und zum Teil andere Bezeichnungen haben. Grundsätzlich habe ich eine kalte und eine warme Variante für jeden Grundton und noch einige Zusatzfarben in meinem Kasten.

Gelb, kalt: Kadmiumgelb hell oder Kadmiumgelb zitron
Gelb, warm: Kadmiumgelb mittel oder Gummigutt neu
Rot, kalt: Krapplack dunkel, Alizarinkarmesin oder Karminrot
Rot, warm: Kadmiumrot hell oder Scharlachlack
Blau, kalt: Bergblau oder Cölinblau, Phthaloblau oder Preußischblau
Blau, warm: Ultramarinfeinst oder Ultramarin franz.
Zusatzfarben: Phthalogrün oder Hookersgrün (Grün ist nicht unbedingt notwendig, man mischt es besser selbst.)
Kadmiumorange, Lichter Ocker, Siena gebrannt, Elfenbeinschwarz, Paynesgrau.

Schwarz verwende ich nie in Farbmischungen, es ist aber sehr interessant für schnelle Skizzen und Pinselzeichnungen, auch für Hell-Dunkel-Studien leistet es gute Dienste.

Es gibt eine Vielzahl an Farben, und für jede der hier genannten können Sie ersatzweise bei manchen Herstellern aus einem Angebot von fast hundert Tönen Ihre eigene Zusammenstellung wählen. Bitte lesen Sie dazu aber erst das Kapitel über Farbe.

Aquarellfarben gibt es in ½ Näpfchen, 1/1 Näpfchen und Tuben. Malen Sie vorwiegend kleinere Bilder, genügen halbe Näpfchen, für Arbeiten mit großen Pinseln empfehle ich die ganzen Näpfchen.

Verwenden Sie Tuben, sollten Sie darauf achten, daß Sie nur soviel Farbe aus der Tube drücken, wie Sie in einer Sitzung aufarbeiten können. Das wiederholte Befeuchten angetrockneter Farben wirkt sich

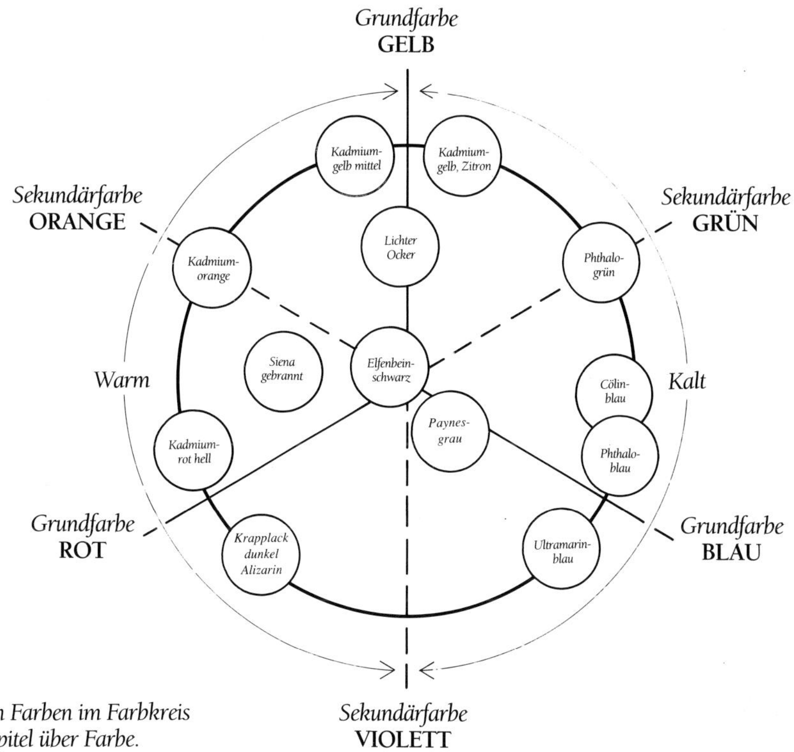

Diese Grafik zeigt, wo die von mir verwendeten Farben im Farbkreis ungefähr liegen, mehr darüber lesen Sie im Kapitel über Farbe.

negativ auf deren Qualität aus. Nun benötigen Sie noch einen Farbkasten oder Palette. Es ist empfehlenswert, einen leeren Kasten, möglichst groß, zu kaufen, den Sie dann je nach Bedarf auffüllen. Für das Arbeiten mit Tuben eignen sich Klappaletten oder ganz einfache, weiße Teller.

Papier

Schlechtes Papier kann die Ursache von vielen Frustrationen sein. Bei der Papierwahl sind mehrere Faktoren zu beachten: Gewicht, Oberfläche, Saugfähigkeit und Alterungsbeständigkeit. Aquarellpapier sollte ein Mindestgewicht von 200 g/qm haben, damit es sich beim Malen nicht zu sehr wellt. Am einfachsten sind Malblöcke, bei denen das Blatt ringsum festgeleimt ist. Für Naßtechniken ist es empfehlenswert, Aquarellkarton mit einem Gewicht von 300 g/qm aufwärts zu verwenden oder das Papier aufzuspannen. Das geschieht folgendermaßen: Sie benötigen eine Sperrholz- oder ähnliche Platte, auf der Sie das zuvor für wenige Minuten ins kalte Wasser gelegte Papier mit Naßklebestreifen oder ganz einfach mit einem Tucker an allen vier Seiten befestigen. Beim Trocknen zieht sich das Papier straff wie ein Trommelfell. Die Oberflächenstruktur ist von großer Bedeutung für den Aquarellisten. Feinkörnige Papiere ermöglichen detailliertes Arbeiten, grobkörnige Oberflächen eignen sich für Naßtechniken und großzügige, spontane Bilder. Da die Papierstrukturen von Hersteller zu Hersteller einen anderen Charakter haben, empfiehlt es sich, mehrere zu testen. Dasselbe gilt auch für die Saugfähigkeit. Wie bereitwillig ein Papier Feuchtigkeit aufnimmt, hängt vom Grad der Leimung ab. Japan- und Chinapapier zum Beispiel sind so saugfähig, daß jeder Pinselstrich sofort stehenbleibt. Bei stark geleimtem Papier bleibt die Farbe dagegen auf der Oberfläche, und man hat die Möglichkeit, sie zu verwaschen.

Auf das Problem der Haltbarkeit oder Alterungsbeständigkeit wollen wir hier nicht weiter eingehen. Hochwertige Aquarellpapiere bestehen meist aus reinen Hadern, sind neutral geleimt und daher sicherer gegen Vergilbung und widerstandsfähig gegen Feuchtigkeit und Pilzbefall.

Weiteres Zubehör

Wassergefäß. Es sollte mindestens 1 Liter fassen, da sonst das Wasser zu schnell verschmutzt.
Naturschwamm zum Befeuchten des Papiers, Abstreifen des Pinsels usw.
Küchenpapier zum Abtupfen der Farbe usw.
Skizzenblock für Entwürfe und Skizzen.
Bleistifte, zum Beispiel HB und 4B zum Skizzieren und Vorzeichnen.

Allgemeines zur Aquarelltechnik

Übersicht der Aquarelltechniken

Bevor wir anfangen zu malen, will ich Ihnen ganz kurz einen Überblick der wichtigsten Aquarelltechniken geben. Wie und wo sie ihre Anwendung finden, werde ich in den Übungen zeigen. Sie sollten die Gruppierung der Techniken nicht so streng betrachten, denn in den meisten Bildern wird man mit einer Kombination von verschiedenen Techniken arbeiten.

Das Verfahren des Malens mit Wasserfarben wird unterschiedlich bezeichnet. Man spricht von Lasur, Lavierung oder Verwaschung, ich werde in diesem Buch den meines Erachtens eindeutigen Begriff „Farbauftrag" verwenden.

Gleichmäßiger Farbauftrag: Gleiche Helligkeit bzw. Dunkelheit des Farbauftrages über die ganze Fläche auf trockenem Papier.

Farbauftrag mit Abstufung: Beliebig langer Übergang von hell nach dunkel oder dunkel nach hell, auf trockenem Papier.

Geschichtete Farbaufträge (Lasurmalerei): zwei oder mehrere Farbaufträge übereinander, wobei die unteren Schichten durchscheinen. Jeder Farbauftrag muß ganz trocken sein vor der Übermalung.

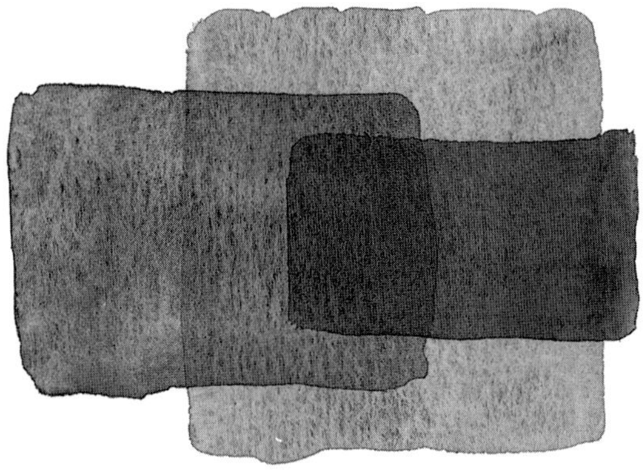

Naß-in-Naß-Technik: Die Farbe wird auf angefeuchtetes Papier oder einen vorausgegangenen, noch feuchten Farbauftrag gesetzt. Wie stark die Farbe verfließt, hängt vom Grad der Feuchtigkeit des Papiers ab.

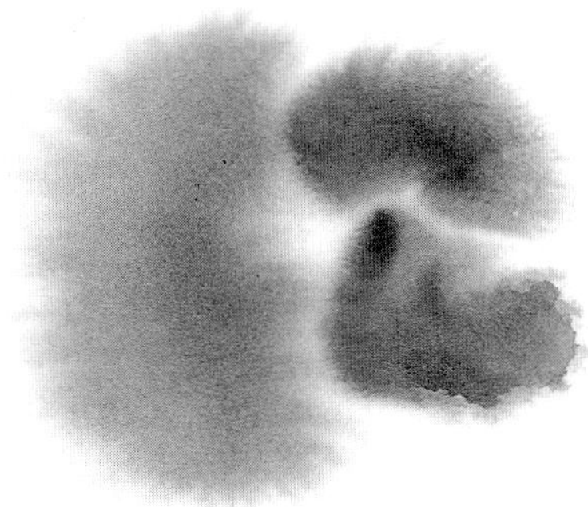

An dieser Stelle könnte man noch viele experimentelle Techniken wie Auswaschen, Kratzen, Spritzen, Maskieren oder die Verwendung von Salz, Tusche, Deckweiß usw. erwähnen. Da es sich hierbei aber mehr um technische Experimente handelt, will ich diese nicht so sehr in den Vordergrund stellen.

Die traditionelle Aquarellmalerei lebt in erster Linie von der Leichtigkeit und dem sparsamen Einsatz der Mittel. Zu leicht verläßt man sich auf irgendwelche Tricks, um Versäumtes wiedergutmachen zu wollen. Mit etwas Planung und Übung ist es möglich, mit den traditionellen Grundtechniken ohne Probleme auszukommen. Im Verlauf dieses Buches werde ich den einen oder anderen Trick erwähnen, aber im allgemeinen ist experimentelles Malen ein Thema für sich.

Übersicht der Pinseltechniken

Im allgemeinen wird der Pinsel nur als Arbeitsgerät zum Auftragen von Farben betrachtet, er ist jedoch viel mehr: In der Aquarellmalerei ist der Umgang mit dem Pinsel von besonderer Bedeutung. Der Strich bleibt oft sichtbar stehen und verleiht dadurch dem Bild eine sehr persönliche Note. Der Pinsel dient auch als Zeichen- und Schreibgerät, das beste Beispiel sind die zen-buddhistischen Pinselzeichnungen. Üben Sie viel, um so die Vielseitigkeit des Pinsels kennenzulernen, dabei kommt es nicht so sehr darauf an, ob Sie nun zeichnen, schreiben oder nur mit Linien spielen. Hier zeige ich wieder eine kleine Übersicht der wichtigsten Pinseltechniken, wie und wo wir sie einsetzen, erwähne ich in den einzelnen Übungen.

Pinselstriche: Rundpinsel klein, groß, Flachpinsel, mehr oder weniger Druck, kurze Striche, lange Striche.

Struktureffekte: Schneller Strich mit flach gehaltenem Pinsel.

Trockenpinseltechnik: Wenig Wasser, zum Beispiel Struktur Gras mit Flachpinsel.

Pinselzeichnung: Zum Beispiel japanische Tuschmalerei.

Pinselstriche
geschwungene, gerade, kurze oder lange Striche, mit mehr oder weniger Druck auf das Papier gebracht.

Rundpinsel

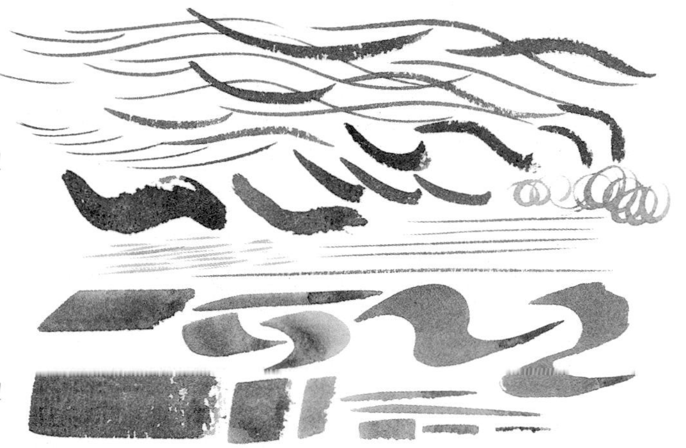

Flachpinsel

Struktureffekte
Schneller Strich mit flach gehaltenem Pinsel

Trockenpinseltechnik
Mit sehr trockener Farbmischung schnell über die Erhöhungen des Papiers streifen.

Pinselzeichnung
Der Pinsel wird hier zum Zeichnen benutzt und verleiht dieser, im Gegensatz zum Stift, einen besonderen Charakter (siehe chinesische oder japanische Malerei).

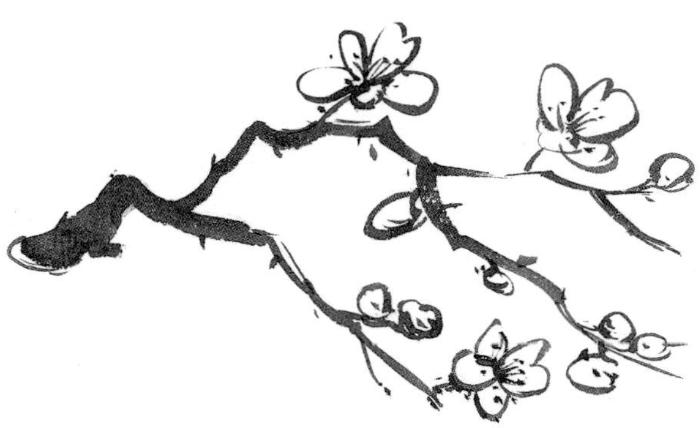

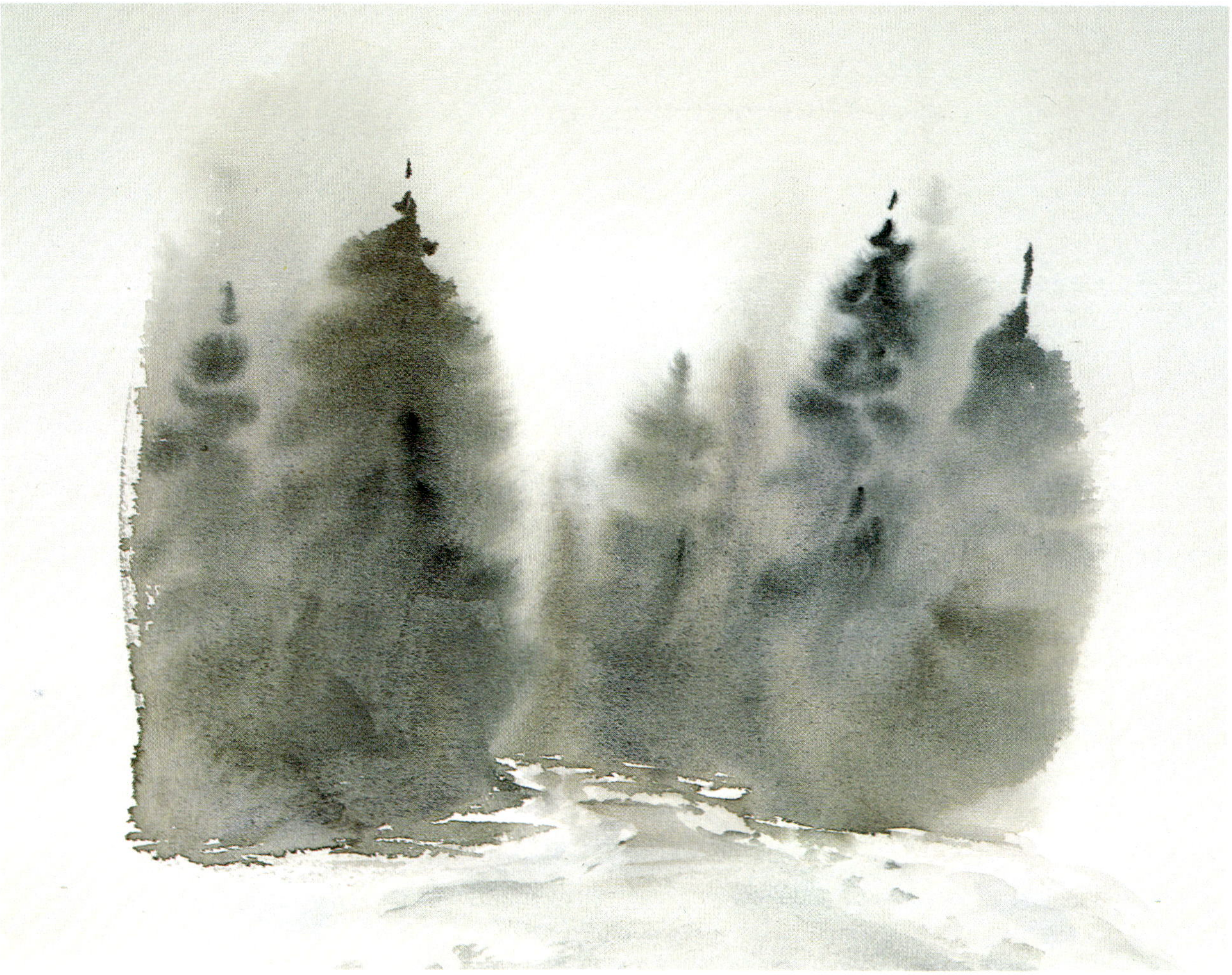

Vereinfachung der Technik

Die Schwierigkeit der Aquarellmalerei besteht unter anderem darin, daß gleichzeitig mehrere Dinge zu beachten sind. Hat man erst einmal angefangen, Farbe auf das Papier zu bringen, müssen viele Entscheidungen sehr schnell getroffen werden, denn Korrekturen sind kaum möglich. Um die Sache aber nicht komplizierter zu machen, als sie in Wirklichkeit ist, wollen wir einige Schritte vereinfachen. So ist es zum Beispiel nicht notwendig, gleich voll in die Farben zu greifen. Auch mit drei, zwei oder sogar einer Farbe kann man schon stimmungsvolle Landschaften malen.

Auf diese Weise ist es möglich, sich am Anfang intensiver Farbaufträgen, Pinseltechniken, Hell-Dunkel-Kontrasten und Farbmischungen zu widmen. Ebenfalls ist es sinnvoll, zuerst einfache Motive zu wählen. Anfänger tendieren dazu, umfangreiche Sujets malen zu wollen, und geben dann frustriert auf.

Auf den nächsten Seiten hoffe ich, Sie davon zu überzeugen, daß auch ein einzelner Baum, eine Baumgruppe oder eine nur in Grautönen gemalte Landschaft ihren Reiz haben können.

Hell-Dunkel-Kontrast

Wie schon erwähnt, bietet die Aquarelltechnik kaum Möglichkeiten für Korrekturen oder Änderungen im Gegensatz zu anderen Maltechniken. Deshalb ist gute Planung wichtig. Mein Ratschlag an Sie ist, die Konzeption auf Hell-Dunkel-Werte aufzubauen. Sie werden sich jetzt verständlicherweise fragen, warum ein spontanes Aquarell planen? Da weiße Stellen des Bildes nicht übermalt und helle Passagen von Anfang an berücksichtigt werden müssen, sollten wir im voraus überlegen, wo das Motiv hell und wo es am dunkelsten ist, dafür müssen wir Hell-Dunkel-Kontraste erkennen.

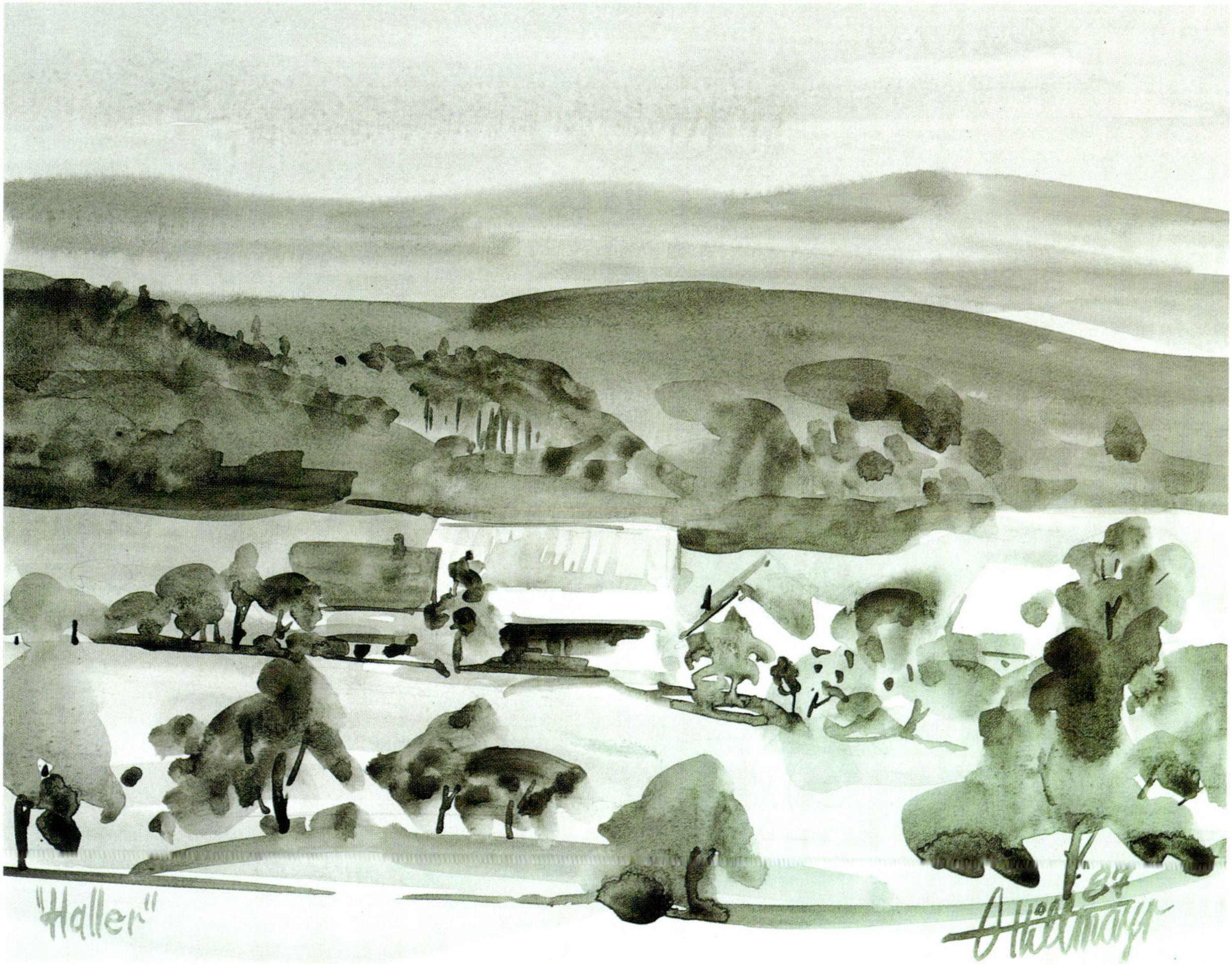

linke Seite: Winterwald, 32 × 30 cm
rechte Seite: Haller-Höfe, 28 × 22 cm

Was ist Hell-Dunkel-Kontrast?
Es ist ein bildnerisches Mittel und bezieht sich auf die Helligkeit oder Dunkelheit einer Farbe und nicht auf einen bestimmten Farbton. So können unterschiedliche Farben denselben Hell-Dunkel-Wert haben. Ein gutes Beispiel ist das Schwarzweißfoto, alle Farben sind in Grautöne umgewandelt, und es entsteht eine räumliche Wirkung auch ohne Farbe. Alle Flächen und Formen sind nur durch unterschiedliche Grauabstufungen, also durch Hell-Dunkel-Kontraste zu unterscheiden. Auch Licht, Schatten und plastische Wirkungen können wir mit Hell-Dunkel-Werten darstellen. Kaum jemand wird Schwierigkeiten haben, die Farbe eines bestimmten Gegenstandes zu definieren, etwas komplizierter wird es bei der Erkennung der Hell-Dunkel-Werte. Haben Sie sich schon einmal Gedanken darüber gemacht, ob ein Hausdach heller oder dunkler als dessen Hintergrund ist? Oder ob zwei benachbarte Bäume, die zwar dieselbe Farbe haben, aber sich im Hell-Dunkel voneinander unterscheiden? Da für Aquarellisten dieser Unterschied wichtig ist, zieht sich das Thema durch dieses Buch wie ein roter Faden. Viele Übungen und Arbeitsgänge sind auf dessen Grundlage aufgebaut. Wenn Sie erst einmal gelernt haben, Helligkeiten und Dunkelheiten so zu sehen wie Farben, sind Sie auf dem richtigen Weg.

In den ersten Beispielen arbeiten wir nur mit Schwarz, nicht nur, weil es einfacher ist, sondern weil man mit Schwarz schöne Grauabstufungen herstellen kann und es die Problematik des Hell-Dunkel bewußt werden läßt.

Damit kein Mißverständnis entsteht, möchte ich klarstellen, daß auch ich beim Farbmischen kein Schwarz oder Weiß verwende. Für folgende Übungen finde ich es aber ideal, ebenso für schnelle Skizzen in der Natur und für Pinselzeichnungen, siehe nebenstehende Studie.

Die Grundtechniken im Landschaftsaquarell

Übung 1: Gleichmäßige Farbaufträge kombiniert mit Lasurtechnik

Jetzt kommt der spannende Augenblick, der Moment, wo wir auf weißem Papier mit Farbe und viel Wasser unsere erste Landschaft zaubern. Sie werden sehen, so schwierig ist es nicht. Suchen Sie sich ein ruhiges und bequemes Plätzchen mit angenehmem Tageslicht oder entsprechendem Kunstlicht, und achten Sie darauf, daß Ihre Hand oder Kopf keine Schatten auf die Arbeitsfläche werfen. Es ist sehr wichtig, daß Sie sich beim Malen wohl fühlen, denn es kommen Momente, in denen die Nerven sehr angespannt sind und das Gelingen Ihres Bildes vom momentanen Gemütszustand abhängt. Jetzt müssen Sie noch die Utensilien zurechtlegen. Wie schon erwähnt, für die ersten Übungen benötigen wir nur schwarze Farbe, einen Aquarellblock oder ein Blatt Aquarellpapier mit einem Brett oder Karton als Unterlage sowie Rundpinsel in den Größen 4, 8 und 12, ein Naturschwämmchen oder Küchenkrepp zum Abtupfen des Pinsels oder überschüssigen Wassers und natürlich viel frisches, sauberes Wasser.

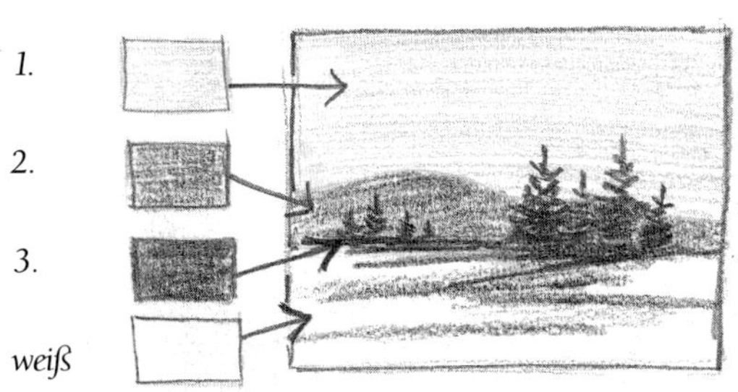

Zuerst malen wir eine Landschaft in gleichmäßigen Farbaufträgen, zum Teil in Lasurtechnik übereinandergelegt. Unterlegen Sie Ihren Block oder Zeichenbrett so, daß die Arbeitsfläche eine leichte Neigung hat und das Wasser sich am unteren Rand des Farbauftrages ansammelt. Auf diese Weise verhindern Sie, daß sich zu schnell Konturen bilden oder das Wasser zurück in den oberen, eventuell schon angetrockneten Bereich fließt.

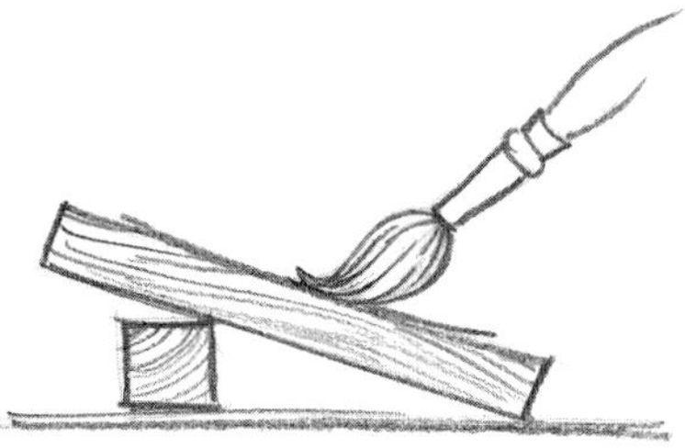

Neigung der Arbeitsfläche

Benützen Sie einen möglichst großen Pinsel; entspricht Ihr Blatt dem Format 24 × 32 cm, sollte dies etwa Größe 12 sein. Nehmen Sie mit dem Pinsel Farbe aus den Näpfchen und vermischen diese mit Wasser im Deckel des Kastens oder in einem weißen Teller. Diese Mischung von Wasser und Farbe sollte ungefähr dem Ton des ersten Beispiels entsprechen. Testen Sie auf einem Blatt Papier, die Menge sollte für den ersten Auftrag ausreichen. Beginnen Sie mit dem gefüllten Pinsel am oberen Rand, versuchen Sie, mit waagerechten Bewegungen einen gleichmäßigen Ton zu malen. Achten Sie stets darauf, daß sich nach unten Flüssigkeit ansammelt, das ist der Beweis, daß Sie naß genug arbeiten. Nehmen Sie nach Bedarf mehr von der Farbe-Wasser-Mischung aus dem Vorrat auf. Sie werden feststellen, daß man sehr schnell arbeiten muß, damit es keine Ränder gibt, und daß man einen großen Vorrat von der Mischung benötigt, um einen flüssigen Farbauftrag über das ganze Blatt ausziehen zu können.

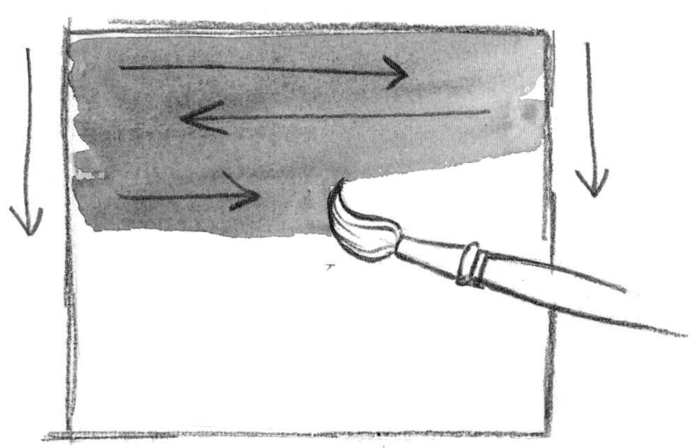

Sollte die Mischung nicht für die ganze Fläche ausreichen, müssen Sie beim Nachmischen darauf achten, den gleichen Ton zu erreichen. Sind Sie am unteren

Rand der zu bemalenden Fläche angekommen, drükken Sie den Pinsel im Schwamm oder Kreppapier aus und saugen Sie damit die restliche Flüssigkeit vom Papier ab. Sie sollten jetzt einen gleichmäßigen Ton über die ganze Fläche haben.

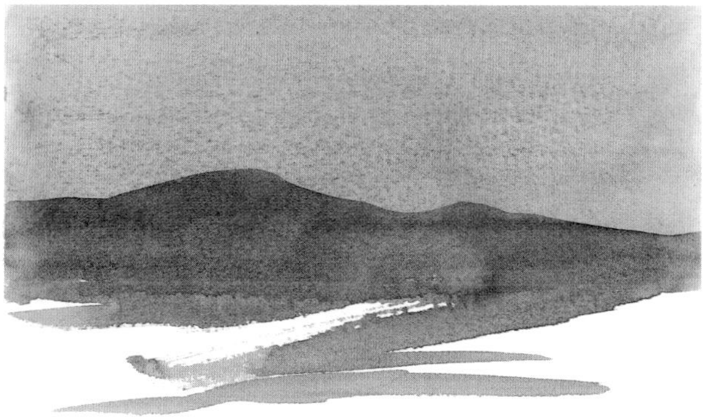

Nun kommen wir zum zweiten Schritt.
Nachdem der erste Farbauftrag ganz trocken ist, mischen wir wieder etwas Farbe mit Wasser, diese Mischung sollte etwas dunkler sein als die erste und ungefähr dem zweiten Ton der Skizze entsprechen. Denken Sie daran, daß ein Ton automatisch dunkler wird, wenn er über einen schon vorhandenen gemalt wird. Nun beginnen Sie an der oberen Kontur des zweiten Farbauftrages, in dieser Übung also mit den Bergen, und ziehen Sie diesen Ton wieder mit viel Flüssigkeit, in horizontalen Bewegungen und ungefähr meiner Vorgabe folgend, nach unten. Nach einer weiteren kleinen Trocknungspause nehmen wir den letzten Schritt in Angriff. Sie müssen allerdings ganz sicher sein, daß der vorherige Farbauftrag auch wirklich trocken ist. Dazu ein Tip: Wenn Sie, wie erwähnt, sehr naß arbeiten, wird sich im Normalfall das Papier je nach Gewicht mehr oder weniger wellen. Ganz trocken ist es, wenn es sich wieder im ursprünglichen, flachen Zustand befindet. Jetzt bereiten Sie den dunkelsten Ton in diesem Bild vor. Dunkel heißt, er sollte sich deutlich von den beiden ersten unterscheiden, aber nicht so dick in der Konsistenz wie Deckfarben sein, also immer noch so feucht und transparent, daß man den ersten und zweiten Farbauftrag leicht durchscheinen sieht. Nehmen Sie nun einen kleineren Pinsel, zum Beispiel Größe 8, und zeichnen Sie die Bäume und Strukturen im Vordergrund. Ich sage absichtlich zeichnen, denn dieser Arbeitsgang ist eher vergleichbar mit einer Pinselzeichnung, wie erwähnt unter den Pinseltechniken.
Damit ist unsere Landschaft fertig. Legen Sie jetzt den Pinsel aus der Hand. Versuchen Sie nicht, unnötige Korrekturen vorzunehmen. Sollte Ihr Bild nicht genau der hier gezeigten Vorlage gleichsehen, ist das völlig normal. Kein Aquarell kann genau kopiert werden. Bei dieser spontanen Arbeitsweise ergeben sich immer wieder neue Zufälle, einmal ist die Mischung feuchter, dann verhalten sich unterschiedliche Papiere anders und zudem hat ein jeder seine eigene Pinselführung. Alle diese Faktoren tragen zu der für Aquarell typischen Spannung bei, und es wäre sicher das Falsche, hier Korrekturen vornehmen zu wollen. Diese bleiben fast immer sichtbar und sind selten eine Verbesserung. Legen Sie das Bild zur Seite und betrachten es später mit frischem Auge wieder.

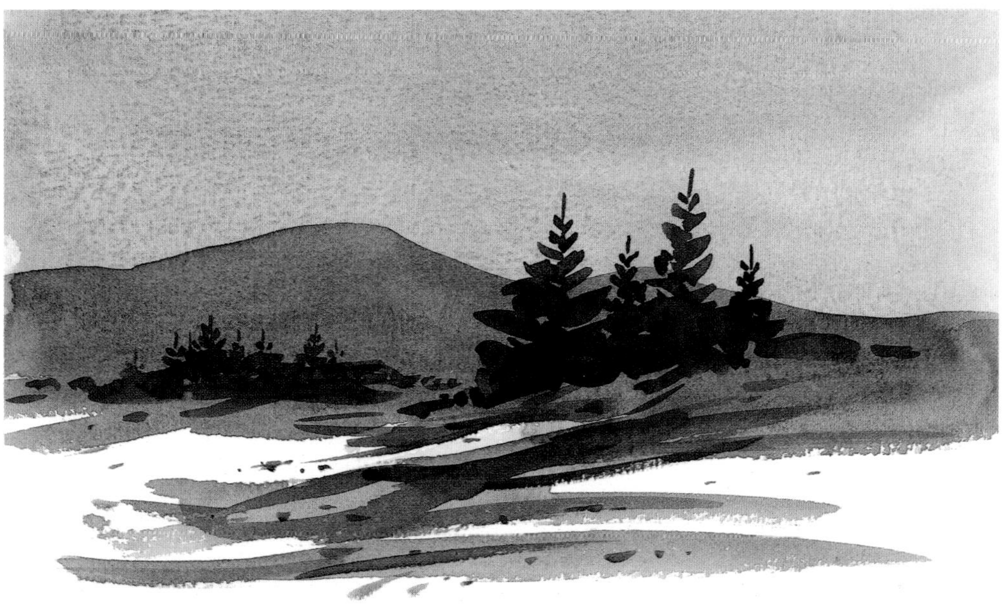

Übung 2: Farbaufträge mit Abstufung kombiniert mit Lasurtechnik

Als nächstes wollen wir die Herstellung von abgestuften Tonwerten üben und gleichzeitig Möglichkeiten kennenlernen, die diese Technik im Landschaftsaquarell bietet. Mit den unterschiedlichsten Dunkel-Hell- und Hell-Dunkel-Verläufen lassen sich zum Beispiel Illusionen wie die der räumlichen Tiefe, Nebel- und Dunststimmungen und die verschiedensten Lichteffekte erzielen. Die Arbeitsgänge sind ähnlich wie in Übung 1, allerdings wird hier auf eine schöne, gleichmäßige Tonabstufung geachtet. Das geschieht, indem man zu der Farbe-Wasser-Mischung des Ausgangstones immer mehr Wasser für einen Verlauf ins Helle oder mehr Farbe für einen Übergang ins Dunkle gibt. Achten Sie wieder darauf, daß Ihre Arbeitsfläche eine leichte Neigung hat, nehmen Sie den großen Pinsel und mischen Sie in Ihrer Palette den Ton für den ersten Farbauftrag. Dieses Motiv malen wir im Hochformat, um den Eindruck der räumlichen Tiefe zu verstärken. Füllen Sie den Pinsel mit der Farbe-Wasser-Mischung, beginnen Sie wieder am oberen Rand des Blattes mit satten, horizontalen Streifen. Nehmen Sie mit dem Pinsel schnell etwas sauberes Wasser auf, verdünnen Sie damit die Mischung in der Palette leicht und fahren Sie mit dem Farbauftrag fort. Sie müssen jetzt rasch arbeiten, damit Sie einen schönen Verlauf ohne Ränder bekommen. Sobald Sie den oberen Teil, etwa ein Drittel des Farbauftrages, fertig haben, waschen Sie den Pinsel aus und ziehen die Fortsetzung mit nur klarem Wasser aus. Die Farbe, die jetzt vom dunklen, noch nassen Ton von oben nachfließt, genügt, um eine Abstufung bis ins Papierweiß zu erreichen. Dosieren Sie die Wassermenge und waschen den Pinsel häufig in klarem Wasser, um einen sauberen Übergang ins Weiß zu schaffen. Vermeiden Sie zurückzugehen, um im oberen Teil der Abstufung Korrekturen vorzunehmen. Zum Schluß drücken Sie den Pinsel aus und saugen die restliche Flüssigkeit ab.

Nachdem der erste Farbauftrag ganz trocken ist, beginnen Sie mit dem zweiten Ton. Mit einem zügigen Pinselstrich legen Sie die obere Kontur der Berge fest. Durch rasches Arbeiten erreichen Sie eine interessante Kontur bzw. Begrenzung der Berge und verhindern gleichzeitig, daß der erste bestehende Farbauftrag aufgeweicht wird. Der oben beschriebene Arbeitsgang wird jetzt, auf die kleinere Fläche reduziert, wiederholt. Um die Wassermenge besser dosieren zu können, ist es empfehlenswert, hier mit einem Pinsel der Größe 8 oder 10 zu arbeiten. Damit Sie eine schmale Abstufung von Dunkel zu Hell erzielen, ist es wichtig, sofort nachdem Sie die Bergkonturen über die ganze Breite gemalt haben, mit klarem Wasser den Übergang ins Papierweiß zu schaffen. Mit etwas Übung wird Ihnen das bald gelingen. Sehr wichtig ist hier, auf die Dosierung der Wassermenge zu achten, der Farbauftrag sollte nie zu trocken sein und nicht zu naß, daß die sich ansammelnde Flüssigkeit zurückfließt und die Farbe zu Rändern aufstaut. Jetzt das restliche Wasser wieder absaugen und alles trocknen lassen.

Für diesen dritten Schritt ist es nicht so wichtig, daß der vorherige Farbauftrag ganz trocken ist, da wir diesen kaum berühren werden. Der nächste Arbeitsgang wiederholt in umgekehrter Reihenfolge, nämlich von weiß nach dunkel. Füllen Sie den großen Pinsel mit klarem Wasser, und ziehen Sie zwei oder drei horizontale Streifen mit etwas Abstand zum zweiten Farbauftrag über das Blatt. Diese Stelle soll die Spiegelung einer Wasserfläche darstellen und daher die hellste Stelle im Bild sein. Sie sollten hier also einige Streifen Papierweiß aussparen. Schließen Sie jetzt sofort mit einer leichten Farbe-Wasser-Mischung direkt an die befeuchtete Stelle an und malen mit waagerechten Pinselstrichen einen immer dunkler werdenden Ton nach unten in den Vordergrund. Das gelingt Ihnen am besten, wenn Sie häufig zurück in Ihre Palette gehen und mit mehr Farbe und wenig Wasser einen zunehmend dunkleren Ton mischen. Da sich Wasser selten ganz ruhig verhält, ist es nicht so wichtig, daß die Abstufung ganz perfekt ist, im Gegenteil, ein paar horizontale Streifen können als Wellen stehen. Jetzt können Sie eine Pause machen und neue Kräfte sammeln für den Endspurt, hier muß das Blatt gründlich trocknen.

Für den letzten Schritt mischen wir nun den dunkelsten Ton wie beschrieben in Übung 1. Achten Sie darauf, daß er sich deutlich unterscheidet von den vorherigen Tonwerten. Sollte er etwas zu dunkel ausfallen an manchen Stellen, kann er leicht mit Pinsel und etwas Wasser aufgehellt werden. Bei diesem Farbauftrag machen wir keine eindeutigen Tonabstufungen, Sie können hier freizügiger verfahren. Dieser Bereich soll der interessanteste und spannendste Teil des Bildes werden, er soll also hervorgehoben werden. Nehmen Sie den Pinsel Nr. 8 und setzen damit rasch die dunkelsten Flecken auf das Blatt. Waschen Sie den Pinsel und drücken ihn auf dem

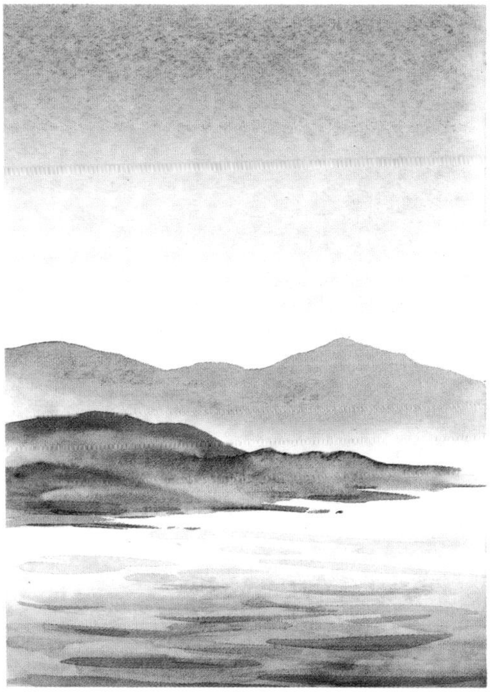

Schwamm aus. Solange die dunklen Pinselstriche noch naß sind, verwaschen Sie damit entsprechende Konturen, um Abstufungen und Übergänge zu schaffen. Sie können auch bei Bedarf noch mehr dunkle Stellen in diesen noch feuchten Farbauftrag malen, experimentieren bringt Sie weiter und macht Spaß. Zum Abschluß sollten Sie mit vereinzelten dunklen Pinselstrichen das gegenüberliegende Ufer markieren und im Vordergrund einige Wellen andeuten. Hier eine Warnung, machen Sie nicht zu viel, ein Aquarell ist schnell überarbeitet. Legen Sie den Pinsel zur Seite, und lehnen Sie sich zurück. Falls Sie mit dem Resultat momentan noch nicht zufrieden sind, ist dies der Zeitpunkt, um Schlüsse und Erkenntnisse zu sammeln für zukünftige Arbeiten.

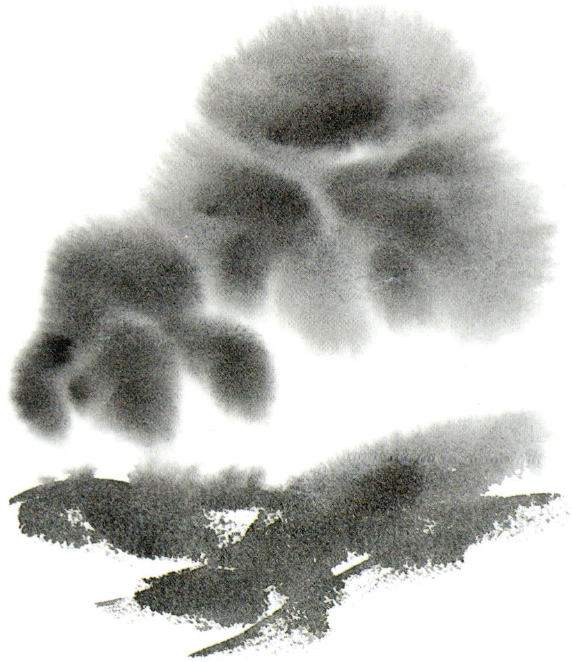

Übung 3: Naß-in-Naß-Technik mit Pinselzeichnung

In der dritten Übung wollen wir uns mit einer sehr populären Aquarelltechnik befassen, mit der Naß-in-Naß-Malerei. Diese ist wohl technisch am schwierigsten zu beherrschen und erfordert einige Erfahrung, aber dafür bietet sie schöne Erfolgserlebnisse. Sehr wichtig ist das richtige Papier und eine disziplinierte Arbeitsweise. Wenn sich das Blatt wellt und man endlose Korrekturen und Änderungen machen will, bleiben am Ende nicht viel mehr als Farb- und Wasserpfützen oder ein undefinierbares Geschmiere.

Wie schon bei der Vorstellung der Aquarelltechniken erwähnt, wird man sich im seltensten Fall sagen, heute male ich in dieser oder jener Technik, man wird sich meistens einer Kombination verschiedener Grundtechniken bedienen. So spricht man nicht nur von der Naß-in-Naß-Technik, wenn das Papier gewässert und noch feucht bemalt wird, sondern sehr häufig kommt diese Technik zum Einsatz, wenn auf einem Teilbereich des Bildes ein Farbauftrag gemacht und in diesen, noch feucht, naß in naß gemalt wird.

Ideal ist der Einsatz dieser Technik für zarte Hintergründe, für Darstellungen weicher Konturen wie Wolken, Büsche, Bäume usw.

Hier ein paar Tips: Das Papier sollte mindestens ein Gewicht von 300 g/qm haben oder aufgespannt sein (siehe Material). Achten Sie auf eine gleichmäßige Feuchtigkeit des Blattes. Wichtig ist, daß Sie jeden Strich zügig ausführen, aber nicht überhastet. Vermeiden Sie eine zu wässrige Farbmischung im Pinsel. Das Wasser ist auf dem Papier, die Farbe wird aufgetragen. Die Schräglage des Blattes hat einen erheblichen Einfluß auf den Verlauf der Farbe.

Nehmen Sie jetzt das für die Naßmalerei speziell kräftige oder aufgespannte Papier und befeuchten es mit dem großen Pinsel oder Schwamm im oberen Bereich bis herunter zum Horizont. Während das Papier quillt, mischen Sie die Farbe in der Palette. Wie schon erwähnt, die Mischung muß relativ konzentriert sein, da sie durch die Feuchtigkeit des Papiers zusätzlich verdünnt wird. Bevor Sie mit dem Malen beginnen, müssen Sie jeden Pinselstrich genau überlegen. Beobachten Sie nun den Feuchtigkeitsgrad Ihres Blattes. Sobald die Oberfläche den Glanz etwas verliert, dies erkennen Sie am besten, wenn Sie schräg gegen das Licht auf das Papier schauen, ist der richtige Zeitpunkt zum Malen gekommen. Nach einigen Versuchen bekommen Sie schnell das richtige Gefühl dafür. Mit sehr raschen Pinselstrichen setzen Sie die Grautöne auf das feuchte Blatt. Berühren Sie das Papier nur kurz, da sonst zuviel von der Farbmischung aus dem Pinsel auf das Blatt fließt. Berücksichtigen Sie die Form der Bäume und die Tatsache, daß sich jeder Farbfleck, nachdem Sie ihn aufs feuchte Blatt gesetzt haben, je nach Feuchtigkeit ausbreitet.

Jetzt, mit dem großen, gut gefüllten Pinsel und zwei oder drei großzügigen Strichen, malen Sie den unteren Teil des Bildes, in diesem Fall die Wiese. Setzen Sie an der Stelle an, wo Sie zu Beginn mit dem Befeuchten aufhörten und ziehen die Striche in den trockenen Vordergrund.

Nach oben fließt der Ton leicht, nach unten erhalten Sie eine Struktur, vorausgesetzt, Sie ziehen den Pinsel wirklich schnell über das Blatt. Sollte es im unteren Bereich überschüssige Feuchtigkeitsansammlungen geben, drücken Sie den Pinsel aus und saugen diese damit ab. Solange das Blatt feucht ist, können Sie den Grauton in den Baumkronen noch etwas verstärken. Nehmen Sie eine konzentriertere Mischung und setzen diesen dunklen Ton kurz und zügig an den gewünschten Stellen in den bereits vorhandenen.

Hier sollten Sie allerdings vorsichtig arbeiten, damit Sie den ersten Farbauftrag nicht zerstören, weniger ist hier mehr. Während Sie das Blatt zum Trocknen zur Seite legen, können Sie die Übung gleich mehrmals

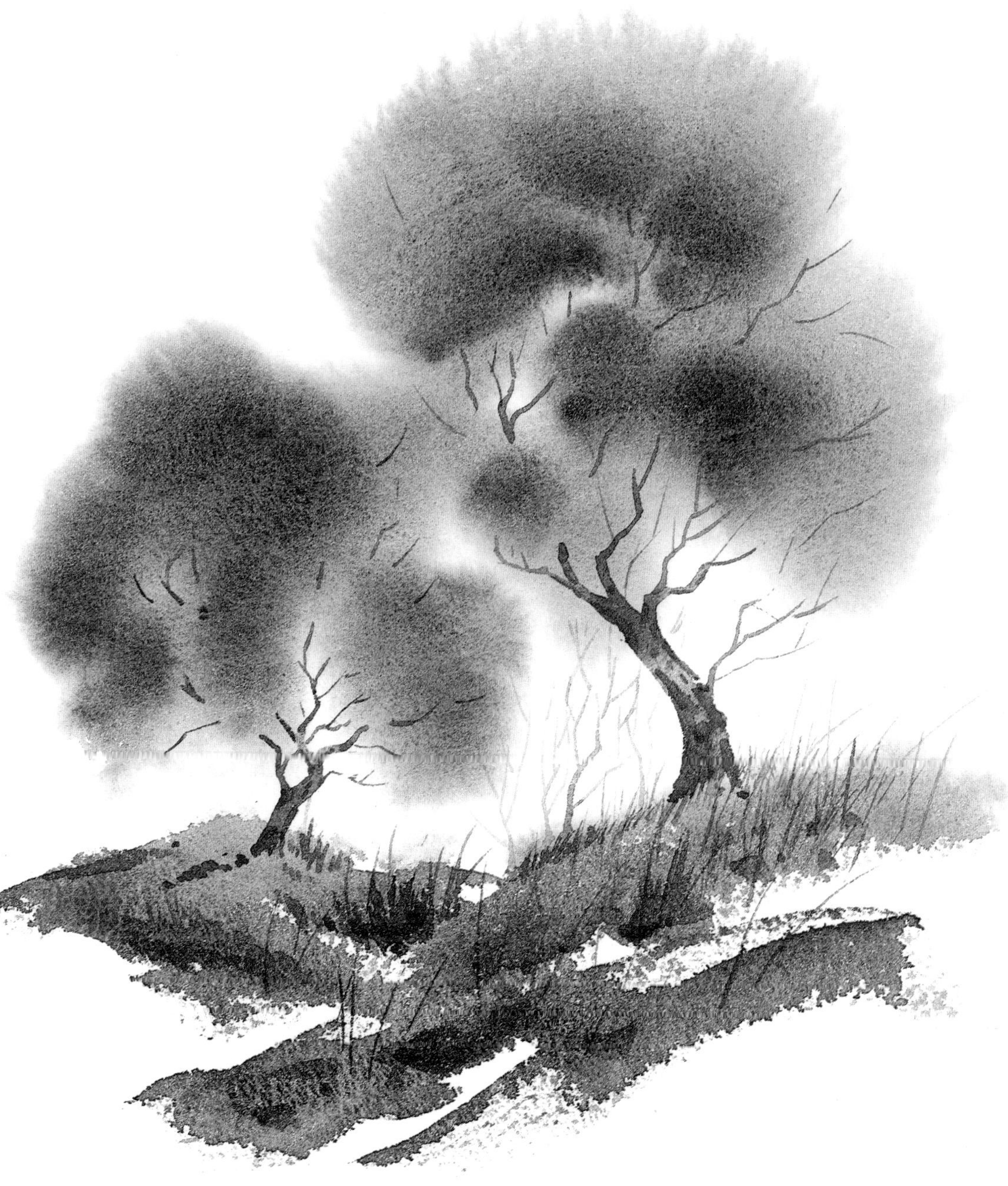

wiederholen. Sie werden feststellen, bei dieser Technik läßt sich das gleiche Motiv nicht genau wiederholen. Das sehen Sie auch auf meinen beiden Schritt-Beispielen. Der Sinn dieser so kreierten Farbflecken ergibt sich erst aus dem nächsten Schritt, der Pinselzeichnung.

Während der langen Trocknungspause hatten Sie genügend Zeit, sich Gedanken zu machen, wie und wo Sie Stämme, Äste und Gräser zeichnen könnten, um die Kleckse zu Baumkronen oder Wiese werden zu lassen. In diesem Schritt wird die Illusion vollendet. Sie können meinem Beispiel wahrscheinlich nicht mehr genau folgen, da Sie sich an dem Ergebnis Ihres Farbauftrages orientieren müssen. Falls es Ihnen leichter fällt, können Sie die Stämme und Äste mit Bleistift vorzeichnen. Nehmen Sie den kleineren Pinsel. Mit einem dunklen Ton malen beziehungsweise zeichnen Sie nun die gewünschten Details. Im folgenden Kapitel werden wir uns weiter mit Pinseltechniken beschäftigen.

Die Pinselzeichnung im Landschaftsaquarell

Übung 4: Zeichnen mit dem Pinsel

Wenn ich von der Pinselzeichnung spreche, so heißt das nicht, daß wir jetzt Zeichenübungen machen, das ist nicht das Thema dieses Buches. Zeichnen allerdings ist eine wichtige Grundlage des Aquarells. Ich schlage deshalb vor, jede Gelegenheit zu nutzen, einen Bleistift und Block zur Hand zu nehmen und sich darin zu üben. Hier will ich Sie auf die endlosen Ausdrucksmöglichkeiten hinweisen, die der Pinsel als Zeichengerät bietet. Es mag ungewohnt sein, den Pinsel zum Zeichnen zu benutzen, aber in der Aquarellmalerei leistet er gerade darin gute Dienste. Es gibt genügend Beispiele in der Geschichte des Aquarells, wo Künstler mit nur wenigen Strichen ihre Emotionen oder Impressionen zum Ausdruck brachten. Dafür ist der Pinsel ideal, denn durch seine Flexibilität und den variablen Strich übertrifft er jeden Stift. Gerade das macht den Umgang damit für Anfänger so schwierig, sogar geübte Zeichner haben anfänglich Probleme mit dem biegsamen Gerät. Die Pinselzeichnung wird meistens in Kombination mit den üblichen Aquarelltechniken angewandt, das heißt, auf aufgetragener und getrockneter Farbe werden mit dem Pinsel Gegenstände, Symbole, Muster, Strukturen usw. zur Ergänzung und Dekoration gezeichnet. Der Vorteil des Pinsels im Vergleich zu Stift und Feder ist die Tatsache, daß damit die auf dem Blatt schon vorhandenen Farbtöne verwendet werden und dadurch die Zeichnung als Teil des Bildes eine ideale Verbindung mit den flächigen Farbaufträgen eingeht.

Am besten Sie nehmen Ihren Pinsel und eine Menge einfaches Papier, es braucht kein Aquarellpapier zu sein, und fangen gleich an zu zeichnen. Halten Sie den Pinsel senkrecht, also im rechten Winkel zum Papier. Das ist sehr wichtig, denn nur so ist es möglich, Striche in alle Richtungen zu ziehen. Beugen Sie zusätzlich Ihre Hand etwas nach unten, siehe Illustration. Für lange, großzügige Striche sollten Sie Ihren Arm frei bewegen, bei kleineren und detaillierten

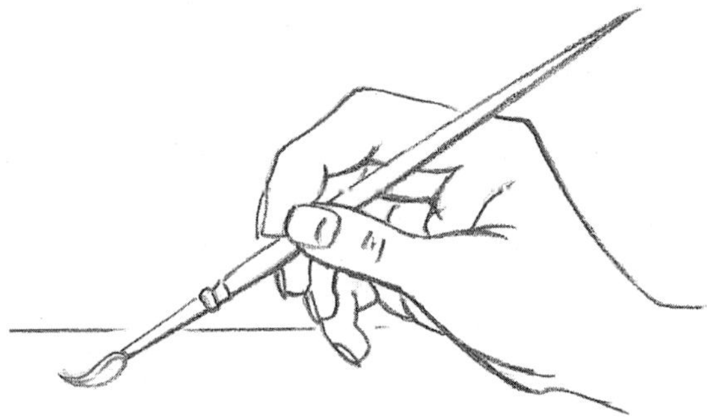

So wird der Pinsel normalerweise gehalten.

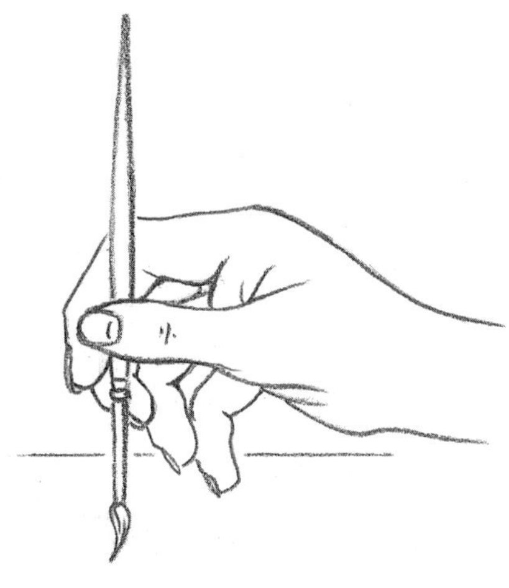

So wird der Pinsel beim Zeichnen gehalten.

Zeichnungen können Sie den kleinen Finger als Führung auf dem Blatt zur Hilfe nehmen. Es eignen sich Pinsel jeder Größe, wichtig ist, daß sie eine schöne Spitze haben. Als Übung können Sie schreiben, Kreise, Linien und Gegenstände zeichnen. Üben Sie viel und immer wieder, ein schöner, überzeugender Strich kommt mit der zunehmenden Sicherheit der Ausführung und wenn er rasch gezogen wird. Üben Sie die Bewegung für den gewünschten Strich zuerst, ohne daß Sie das Blatt berühren, also nur gedanklich, so bekommen Sie das Gefühl dafür. Versuchen Sie einen

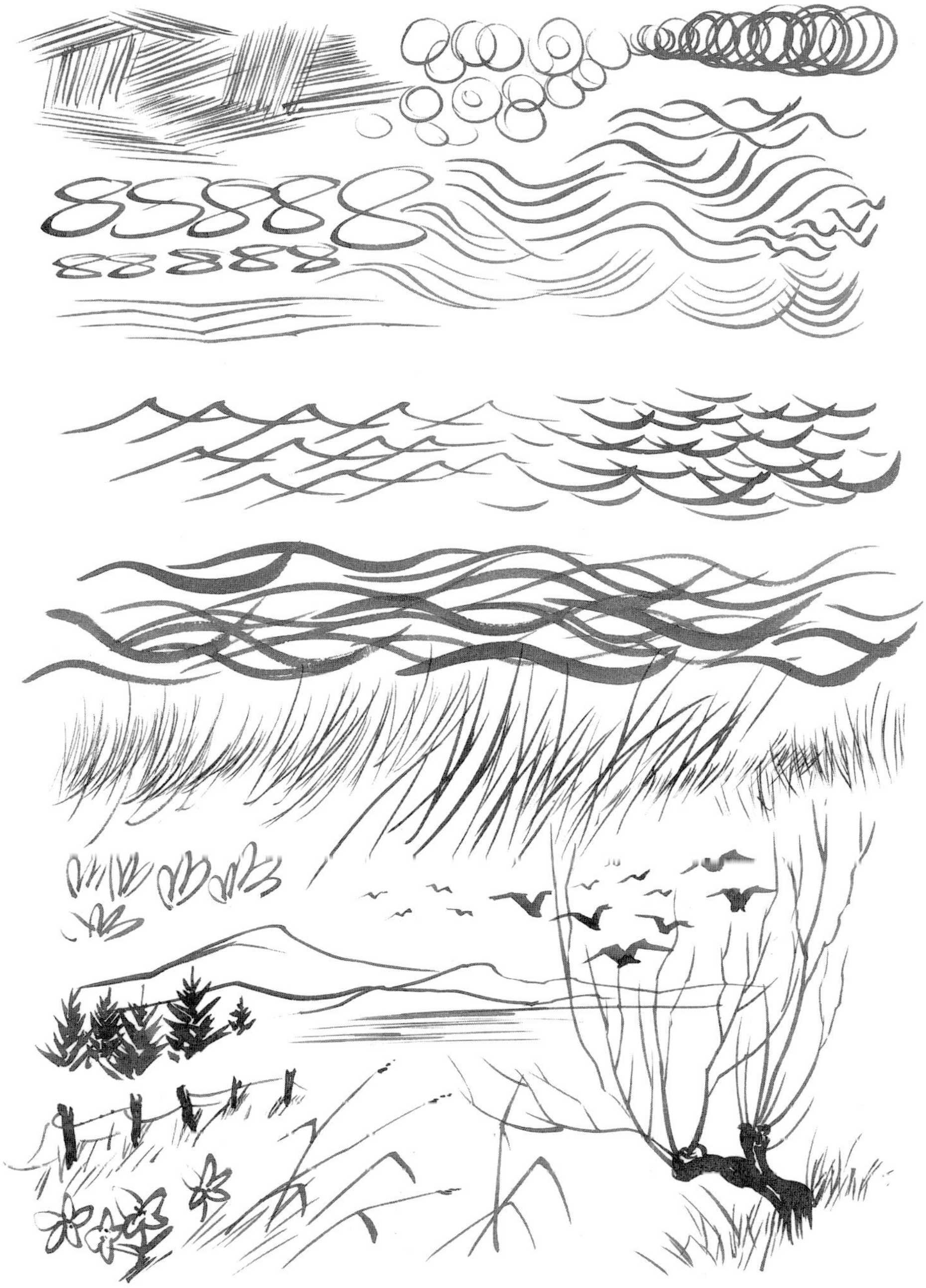

Verlauf von dünn zu dick zu dünn in den Strich zu bekommen, indem Sie mit der Pinselspitze anfangen, dann etwas mehr Druck auf den Pinsel geben und am Schluß wieder anheben. Dies muß alles sehr rasch gehen. Für Gräser zum Beispiel setzen Sie den Pinsel aufs Papier, und mit einer Drehbewegung aus dem Handgelenk ziehen Sie ihn nach oben weg, so erhalten Sie einen Verlauf von dick zu dünn. Gräser und Äste sollten immer in der Richtung gezogen werden, in der sie wachsen, so bekommen sie eine natürliche Verjüngung.

Damit Ihre Bäume nicht nur Äste und Zweige in eine Richtung erhalten, ist es wichtig, daß Sie wie erwähnt den Pinsel senkrecht halten, um als Rechtshänder auch Zweige nach links zeichnen zu können.
Hier einige Beispiele für Übungen:
Gerade Linien als Schraffur in verschiedenen Richtungen; Kreise, Achterfiguren; mehrere, zusammenhängende Striche mit Richtungswechsel, ohne den Pinsel dabei vom Papier zu heben; Wellenlinien; Welle als Muster; Gräser; Landschaftsskizzen mit Bäumen, Gräsern, Zäunen, Bergen, Vögeln usw.

Die Farbe im Landschaftsaquarell

Grundsätzliches über die Farbe

Was wäre die Welt ohne Farbe? Nicht nur visuell belebt sie unseren Alltag, auch emotional spielt sie in unserem Leben, wenn auch im Unterbewußtsein, eine wichtige Rolle. Durch Assoziationen sprechen Farben unsere Gefühle an, sie können uns traurig oder fröhlich machen, kalt oder warm wirken. Für Künstler ist die Farbe von großer Bedeutung. Sicher ist es reizvoll, eine Skizze oder Pinselzeichnung in Schwarzweiß anzulegen, aber es gelänge uns kaum, Gefühle und Stimmungen ohne Farben überzeugend wiederzugeben. Ich kann mir vorstellen, daß Sie sich lieber mit Malen beschäftigen als mit Farbenlehre und in der Theorie keine Hilfe sehen, wenn Sie partout nicht den passenden Ton für die gerade so interessante Wolkenstimmung finden. Das ist nicht zuletzt auch Sache der Erfahrung. Bitte überlassen Sie die Auswahl der Farben nicht dem Zufall, durch Berücksichtigung einiger Tatsachen bleibt Ihnen viel Ärger erspart. Hier noch ein kleiner Vergleich: Die Palette oder besser gesagt der Farbkasten hat für Maler dieselbe Bedeutung wie die Klaviatur für Klavierspieler. Stellen Sie sich vor, was passiert, wenn Klavierspieler gleich willkürlich in die Tasten greifen würden wie manche Aquarellisten in den Farbkasten. Ganz kurz also ein paar grundlegende Dinge über die Farbe:

Das eine oder andere über die Farbenlehre wird Ihnen bestimmt noch aus der Schulzeit in Erinnerung sein. Es gibt natürlich auch spezielle Bücher über dieses Thema, um ihr Wissen bei Gelegenheit etwas aufzufrischen. Mit den Informationen in diesem Buch hoffe ich, Ihnen im Umgang mit der Farbe im Landschaftsaquarell behilflich zu sein. Theoretisch brauchen wir eigentlich nur die drei Grundfarben Gelb, Blau und Rot, die Zweitfarben Orange, Grün und Violett könnten wir dann selber mischen. Grautöne entstehen, wenn man einer Farbe ihren Komplementärton beimischt. In der Praxis geht das leider nicht so einfach, denn Aquarellfarben entsprechen nicht den perfekten physikalischen Aufteilungen des Spektrums.

Zuerst sollten wir unterscheiden zwischen Lichtfarbe und Körperfarbe. Lichtfarbe ist die Farbe einer direkten Lichtquelle, weißes Licht von der Sonne oder farbiges Licht von einer Glühlampe. Das „weiße Licht" der Sonne enthält alle Farben, die aber erst

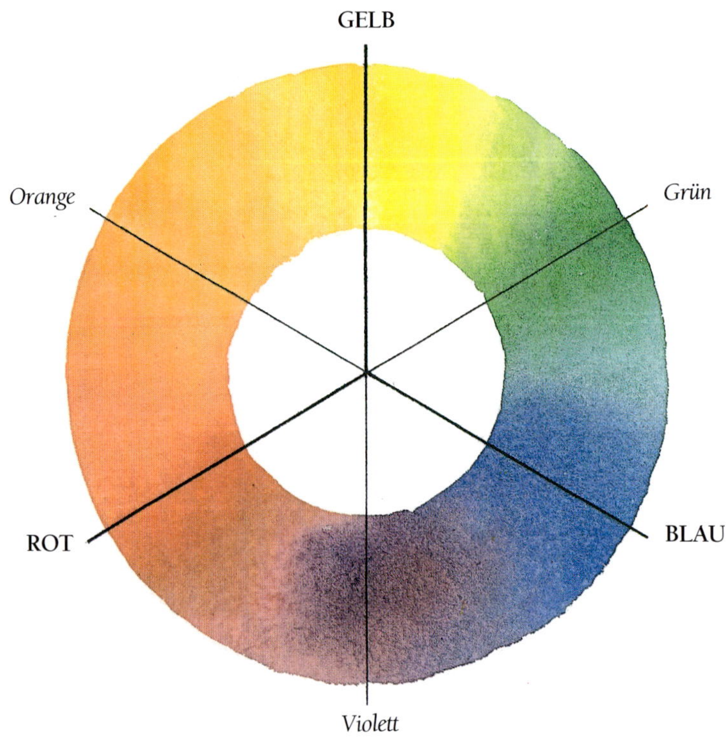

durch Brechung und Reflektion der Strahlen, zum Beispiel als Regenbogen, sichtbar werden. Körperfarbe ist die Farbe beleuchteter Gegenstände oder Oberflächen,die auffallendes Licht zum Teil absorbieren und den Rest durch Reflektion sichtbar machen. Ein rotes Dach reflektiert also nur die roten Strahlen genauso wie die Pigmente in unserer roten Aquarellfarbe. Ein Gegenstand erscheint schwarz, wenn alle Lichtstrahlen von ihm verschluckt werden, weiß, wenn alle reflektiert werden. Sie sollten sich folgendes merken: Alle Strahlen des Spektrums zusammen ergeben weißes Licht, mischt man dagegen Pigmentfarben aller primären Farben, bekommt man annähernd Schwarz, in der Praxis der Aquarellmalerei allerdings nur ein undefinierbares Geschmiere. Ein Grund also, warum man nicht zu viele Farben miteinander mischt.

Farben wirken auf Menschen sehr unterschiedlich und werden im täglichen Leben mit den verwirrendsten Bezeichnungen wie Flamencorot, Ozeanblau, Herbstgold usw. beschrieben. Um die Farben genauer zu ordnen und ihr Verhältnis zueinander besser verstehen zu können, nehmen wir den Farbkreis zu Hilfe.

Hier das Wichtigste:
Grundfarben: Gelb, Blau, Rot
(Primärfarben)
Zweitfarben: Grün, Violett, Orange
(Sekundärfarben)
Zwei auf dem Farbkreis nebeneinanderliegende Grundfarben zu gleichen Teilen gemischt, ergeben eine Zweitfarbe, zum Beispiel Rot und Gelb = Orange.
Komplementärfarbe: Die Farben, die sich im Farbkreis gegenüberliegen, zum Beispiel Rot ist die K-Farbe von Grün.

Die Farbe im Aquarell

In der Aquarellmalerei ist es wichtig, die Bedeutung der Komplementärfarben zu verstehen. Die schönsten Grautöne bekommt man ohne Verwendung von Schwarz, nur durch Mischen von gegenüberliegenden Farben. Merken Sie, jeder Grundfarbe liegt eine Zweitfarbe gegenüber. Halten Sie den Farbkreis beim Malen immer vor Augen, so fällt Ihnen das Mischen leichter.
Alle Farben haben grundsätzlich drei Eigenschaften:

1. Den Farbton

also den Namen der Farbe wie Rot, Blau usw.

2. Die Intensität oder Sättigung,

bezieht sich auf die Leuchtkraft oder Reinheit der Farbe. Die Farben im Aquarellkasten haben eine hohe Sättigung, werden sie mit Wasser vermischt, verändert sich die Intensität, nicht der Farbton. Durch Beimischung der Komplementärfarbe vergrauen wir die Farbe, verändern also die Reinheit.

3. Der Hell-Dunkel-Wert

bezieht sich auf die Helligkeit oder Dunkelheit einer Farbe wie Dunkelblau oder Hellrot. Unterschiedliche Farben können alle denselben Helligkeitswert haben. Um einen Ton heller zu machen, vermischen wir ihn mit Wasser, für mehr Dunkelheit verwenden wir die Farbe konzentrierter oder mischen eine dunklere dazu. Mehr über den Hell-Dunkel-Wert lesen Sie im Kapitel „Hell-Dunkel-Kontrast“.

Wie schon erwähnt, entsprechen Aquarellfarben nicht ganz der perfekten Ordnung des Farbkreises, das sollten wir berücksichtigen, um Schwierigkeiten beim Mischen zu vermeiden. Die Grafik im Kapitel „Materialbedarf“ zeigt Ihnen, wo die vorgeschlagenen Farben im Farbkreis etwa liegen. In der Praxis sieht das folgendermaßen aus: Der Zwischenraum von einer Grundfarbe zur nächsten ist so groß, daß es nicht möglich ist, durch Mischen zweier Grundfarben reine Zweitfarben zu bekommen. Um dies zu überbrücken, verwende ich für jeden Grundton zwei nach jeder Seite versetzte Varianten. Zur Überbrückung solcher Zwischenräume dienen ebenfalls die vorgeschlagenen Zusatzfarben.

In diesem Zusammenhang möchte ich noch auf die warmen und kalten Farben zu sprechen kommen. Farben wirken auf unsere Gefühle durch Assoziationen. Blau und Blaugrün erinnern uns zum Beispiel an Wasser und Eis, wir fühlen Kälte; Rot und Orange dagegen an Feuer und Sonne, also Wärme. Wenn Sie beim Betrachten der Farben nicht sicher sind, ob es sich um einen warmen oder kalten Ton handelt, sollte Sie das nicht verunsichern. Die Farbwirkung ist relativ, sie wird beeinflußt von ihrer Umgebung. Violett ist warm, wenn Sie es mit Blau vergleichen, aber relativ kalt in Verbindung mit Rot. Für die Praxis der Aquarellmalerei ist der Kalt-Warm-Kontrast eine wichtige Orientierungshilfe. Malen Sie zum Beispiel eine sonnendurchflutete Landschaft, finden Sie warme Töne vorherrschend. Sogar Gras erscheint durch Sonnenbestrahlung in „warmem" Grün. Sie sollten also für die Mischung Gelb bis Orange verwenden. Das Gegenteil gilt für Regentage, in diesem Fall sollten kalte Grün- bis Blautöne die Farbe der Wiesen bestimmen. Durch Zugabe einer noch wärmeren Farbe wird ein Ton wärmer, durch Mischen mit einer kälteren erreichen wir das Gegenteil. Zur Orientierung hilft auch hier der Farbkreis. Mit etwas Übung werden Sie Farbtöne schnell in bezug auf ihre Kalt-Warm-Wirkung unterscheiden können.

Bevor wir nun an die praktische Anwendung der Farbe gehen, noch ein paar Dinge, die Aquarellisten wissen müssen. Wenn Maler über Lokalfarbe oder Oberflächenfarbe reden, meinen sie damit die eigentliche Farbe eines Gegenstandes oder Fläche. Speziell in der Landschaftsmalerei wird die Lokalfarbe fast immer durch Entfernung, Licht, Schatten und Reflektionen beeinflußt. Wir sprechen dann von Farbperspektive beziehungsweise Farbreflexen. Malt man also dieselbe Landschaft im Sonnenlicht, so wird man andere Farben verwenden als für eine Regenstimmung. Ebenso verändert sich die Farbe eines Berges oder Waldes, je weiter wir davon entfernt sind. Eine rote Fassade reflektiert zum Beispiel einen rötlichen Schein auf das Nachbarhaus. Manche Farben scheinen sich nach vorne zu drängen, während andere zurücktreten. Diese Wirkung der Farben nutzen wir bei der Schaffung räumlicher Illusionen, Farben aus der Entfernung sind heller und kühler. Für den Vordergrund eignen sich intensive, warme Farben. Um die Theorie in die Praxis umzusetzen, zeige ich einige Beispiele und Anregungen.

Übung 5: Farbmischungen

Als Kursleiter höre sich sehr oft die Frage: Welche Farbe verwende ich für dieses oder jenes Motiv? Die Auswahl und Zusammenstellung der Farben ist natürlich eine persönliche Sache und, wie erwähnt, nicht zuletzt auch der Erfahrung. Wichtig ist, daß Sie eine Vorstellung haben, welche Möglichkeiten Ihnen Ihre Farben bieten. Es ist unglaublich und verwundert mich immer wieder aufs neue, wie viele Mischungsvarianten mit nur wenigen Farben möglich sind. Der Trick besteht darin, ideale Kombinationen zu finden und die Farben nicht schmutzig zu mischen. Verwenden Sie nicht mehr als zwei oder drei Farben in einer Mischung, rühren Sie diese nicht durch wie eine Soße.

Hier einige Beispiele, wie Sie das Potential Ihrer Farben testen können. Vermischen Sie die Farben im Deckel des Farbkastens mit Wasser, setzen Sie Farbe-Wasser-Mischungen auf dem Blatt mit etwas Abstand nebeneinander. Waschen Sie nun den Pinsel aus und streifen das Wasser ab. Mit dem feuchten Pinsel ziehen Sie die Farben zusammen, durch die Berührung entstehen in diesem Bereich interessante Mischungen. Daneben notieren Sie die Bezeichnungen der verwendeten Farbtöne. Variieren Sie das Verhältnis der verwendeten Farben zueinander. Vor jedem Farbwechsel sollten Sie den Pinsel gut auswaschen. Das richtige Verhältnis Wasser zu Farbe ist sehr wichtig. An meinen Beispielen sehen Sie, wie das Experiment aussehen kann. Folgende Liste zeigt Ihnen einige bewährte Kombinationen, versuchen Sie, weitere zu finden. Für Anfänger ist es hilfreich, ein Blatt mit solchen Mischungsvarianten beim Malen stets neben sich zu haben.

Beispiele für Grüntöne

kaltes Blau mit kaltem Gelb
kaltes Blau mit warmem Gelb
warmes Blau mit kaltem Gelb
warmes Blau mit warmem Gelb
kaltes Blau mit kaltem Gelb und kaltem Rot
warmes Blau mit warmem Gelb und warmem Rot
usw.

Beispiele für Grautöne

Rot mit Grün in unterschiedlichen Variationen
Orange mit Blau in unterschiedlichen Variationen
Rot, Blau und Gelb in unterschiedlichen Variationen

Verwenden Sie Farbtöne, die sich auf dem Farbkreis gegenüberliegen oder, bei Mischungen mit drei Farben, im Dreieck zueinanderliegen.

Beispiele für dunkle Töne

Phthaloblau mit Krapplack dunkel
Ultramarinblau mit Krapplack dunkel
Siena gebrannt mit Phthaloblau
Siena gebrannt mit Krapplack dunkel und Phthaloblau
Phthalogrün mit Krapplack dunkel
usw.

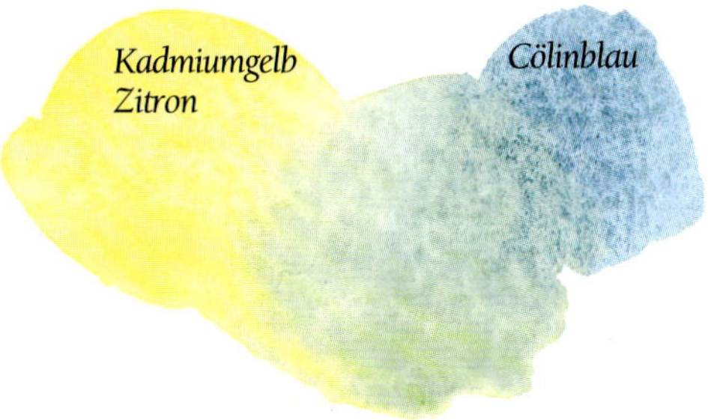

Kaltes Grün

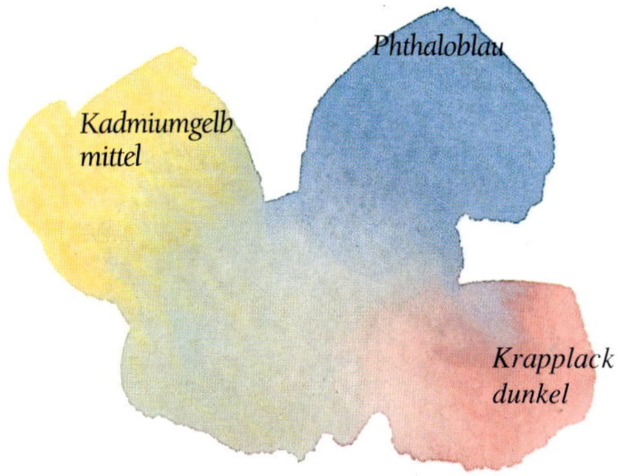

Warmes Grün

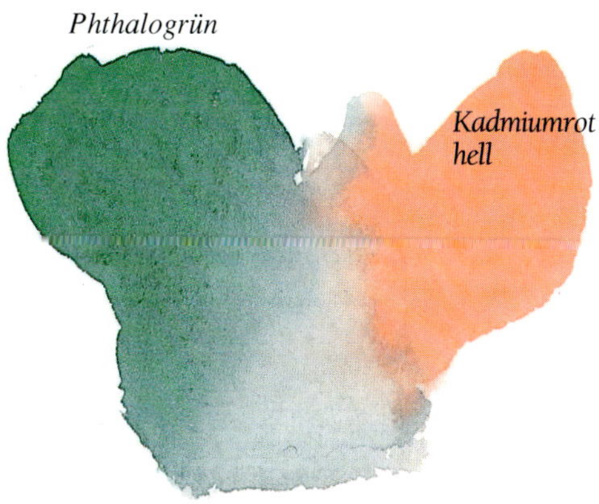

Kaltes Grau

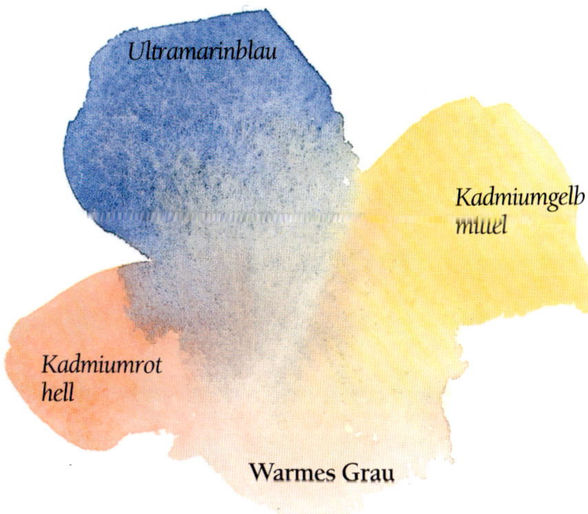

Warmes Grau

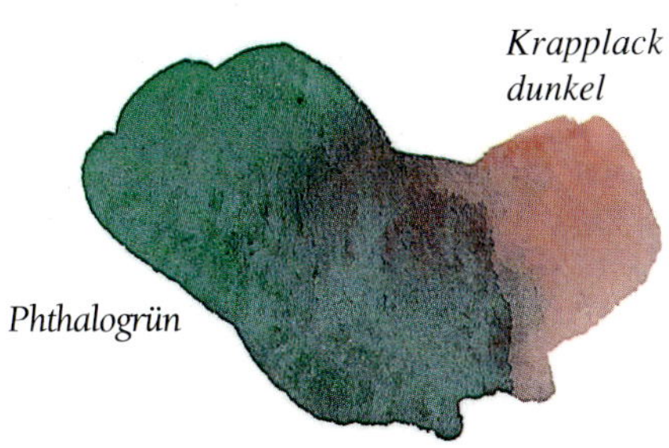

dunkler Ton, kalt

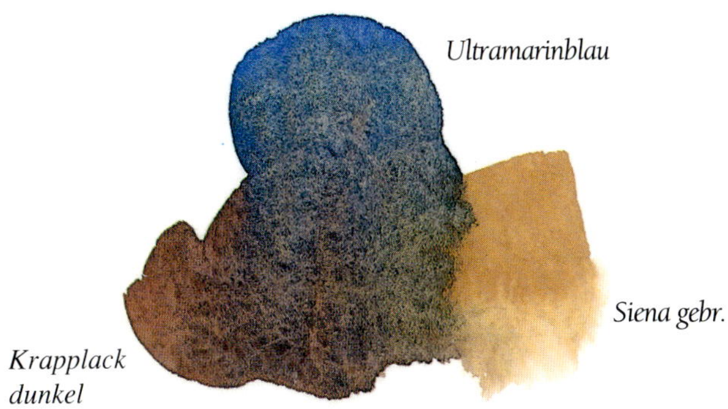

dunkler Ton, warm

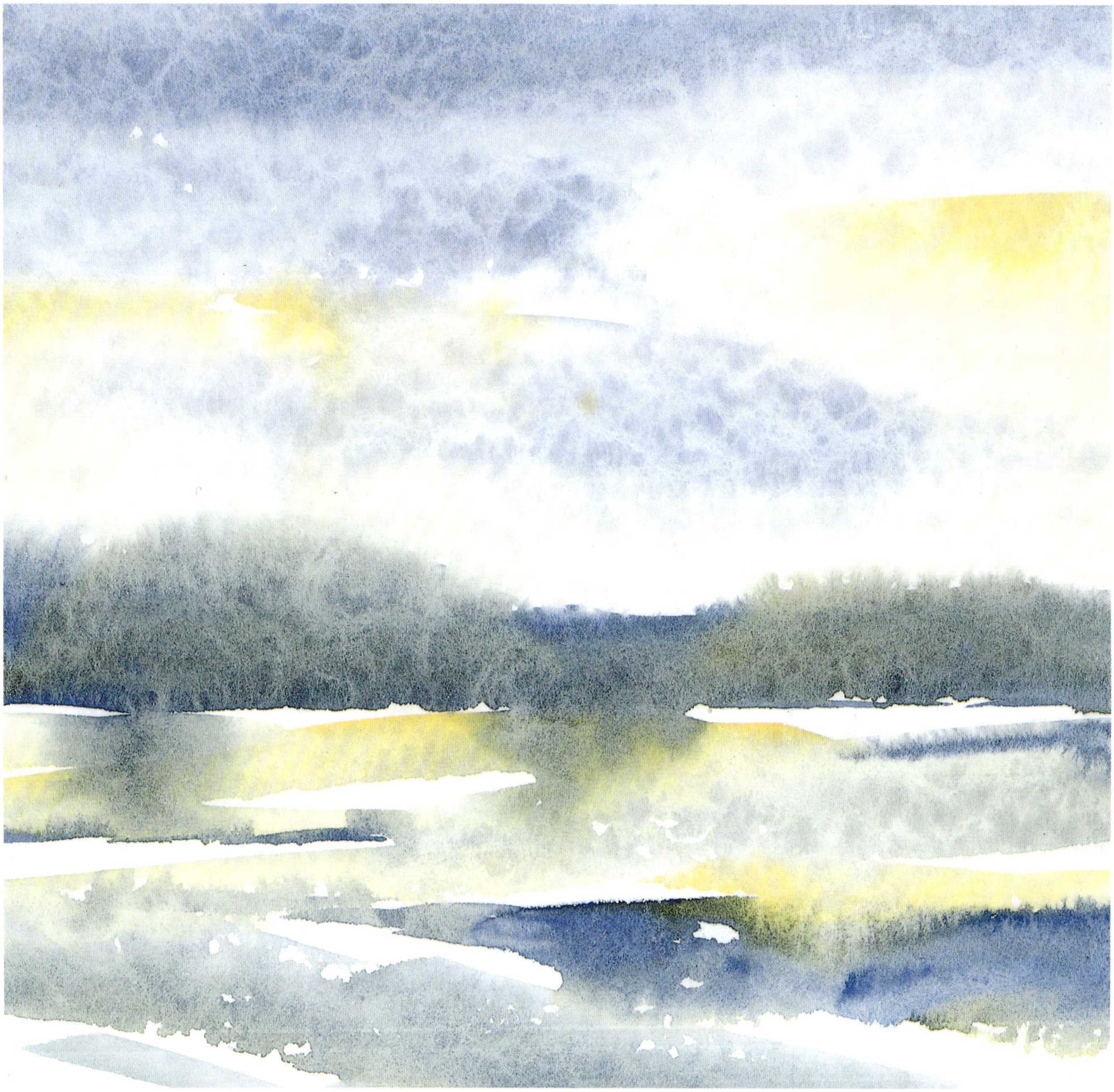

Übung 6: Landschaftsstimmungen in unterschiedlichen Farbkombinationen

Sie werden nun erkannt haben, welche Möglichkeiten in Ihrem Aquarellkasten stecken – eine Welt der Farben, die erst im Mischen lebendig wird. Sie haben erfahren, wie sich Farben in der Mischung verhalten, und wollen diese Erkenntnis nun sicher in die Praxis umsetzen.

Auf der Basis einer einfachen Komposition und unter Berücksichtigung der Aquarellgrundtechniken können Sie die unterschiedlichsten Stimmungen zaubern, nur durch Verwendung verschiedener Farbkombinationen. Ein Landschaftsaquarell wird nicht ansprechender durch ein umfangreich detailliertes Motiv, der sichere Einsatz der Farbe macht das einfachste Motiv zum Erlebnis.

Als Grundlage für diese Übungen können Sie Motive und Verfahren aus den Übungen für Aquarellgrundtechniken nehmen. Fühlen Sie sich frei, Motiv wie Arbeitsweise etwas zu verändern. Betrachten Sie dazu meine Beispiele. Die Farbaufträge müssen nicht so gleichmäßig sein. Im Vorschlag mit Blau und Gelb habe ich die Farben wie in den Farbmischübungen nebeneinandergesetzt, so daß sie sich berühren oder durch eine Verbindung, geschaffen mit dem ausge-

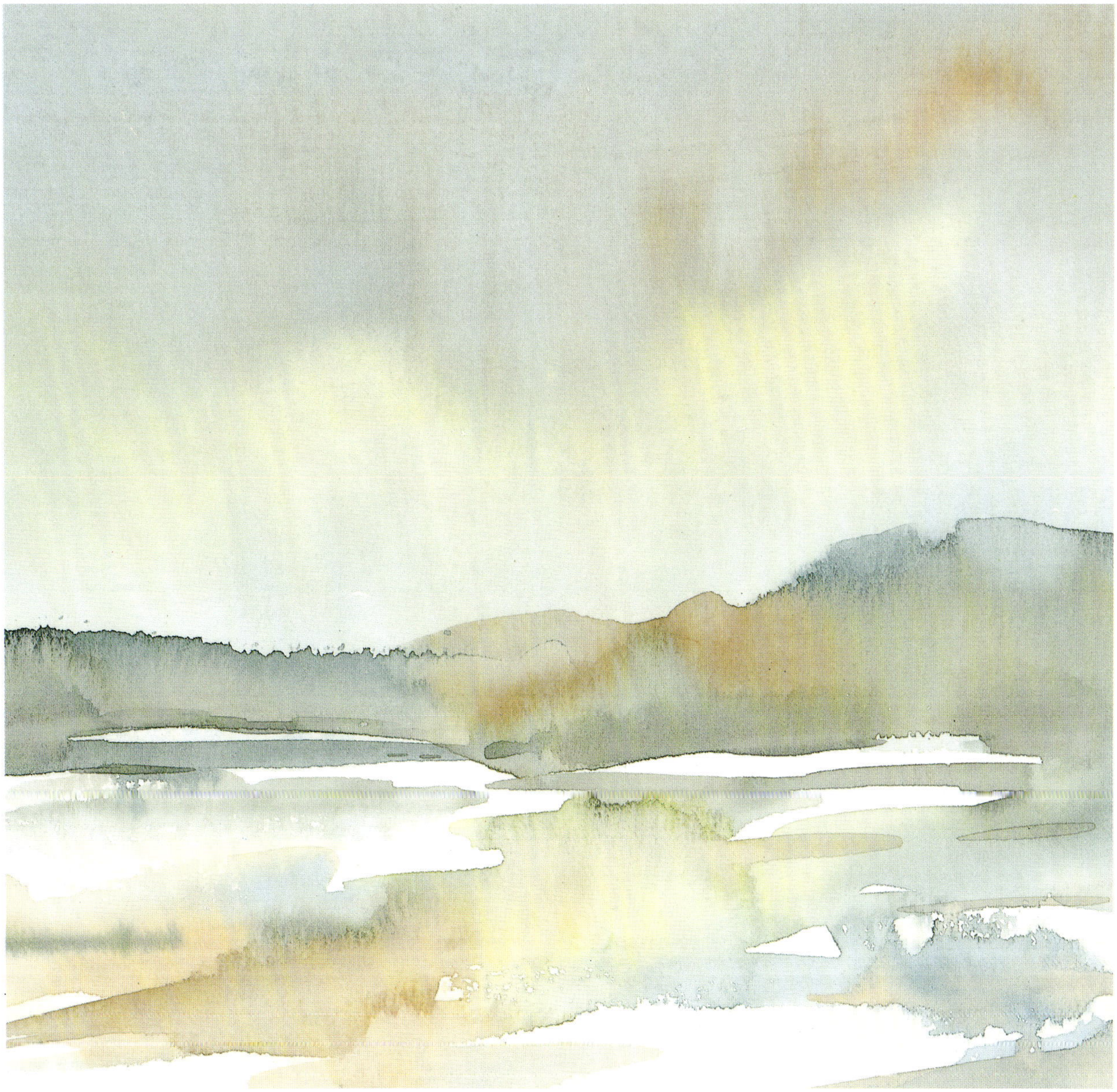

waschenen Pinsel, von selbst verfließen. Beachten Sie auch die weißen Stellen, die verhindern, daß das ganze ineinanderverläuft, sowie die mit Wasser aufgehellten Töne, hergestellt wie in der Grundübung: abgestufte Tonwerte. Tragen Sie die Farben auf trockenes Papier auf, und machen Sie nicht zu viele Korrekturen. Die Farben sollten sich von selbst vermischen. Für die Stimmung in Blau und Gelb habe ich Ultramarinblau und Kadmiumgelb mittel verwendet.

Cölinblau, Siena gebrannt und Lichter Ocker sind die Grundlagen der Grautöne in der nächsten Übung. Der Himmel ist als abgestufter Farbauftrag angelegt. In der immer wäßriger werdenden Mischung habe ich Lichter Ocker zugegeben und vor der Übermalung mit den Bergen trocknen lassen. Der Himmel in der Blau-Gelb-Stimmung war bei dem Auftragen des Farbtones für den Wald oder Höhenzug nicht ganz trocken. Verwenden Sie genügend Wasser, so daß die Farben gut verfließen. Bereiten Sie für jeden Farbton eine ausreichende Farbe-Wasser-Mischung im Deckel oder in der Palette vor. Berücksichtigen Sie die Hell-Dunkel-Werte der Farbaufträge. Vergessen Sie nicht, schöne, gezielte weiße Stellen zu erhalten. Diese Übungen machen Spaß und sind wertvolles Training für den Umgang mit Farben. Lassen Sie Ihren Gefühlen freien Lauf, und testen Sie viele Farbkombinationen.

Vergleichen Sie diese Gegenüberstellungen, was gefällt Ihnen besser?

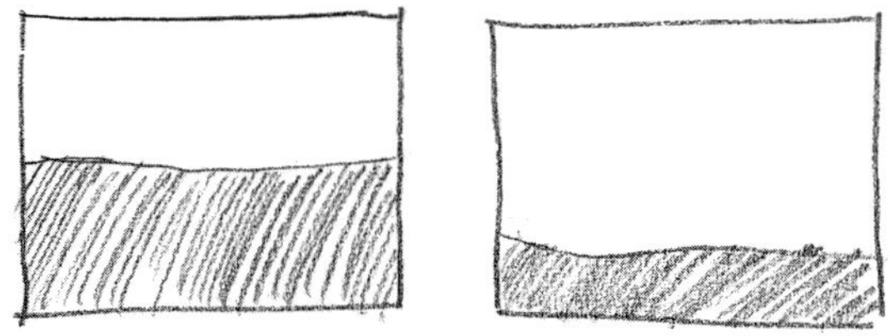

Aufteilung der Bildfläche in 2 Teile

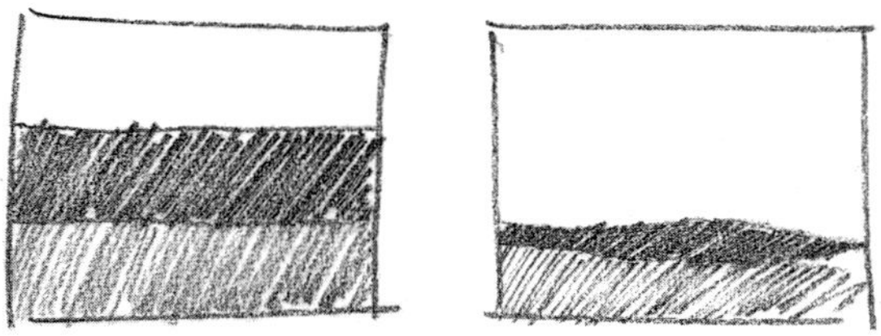

Aufteilung der Bildfläche in 3 Teile

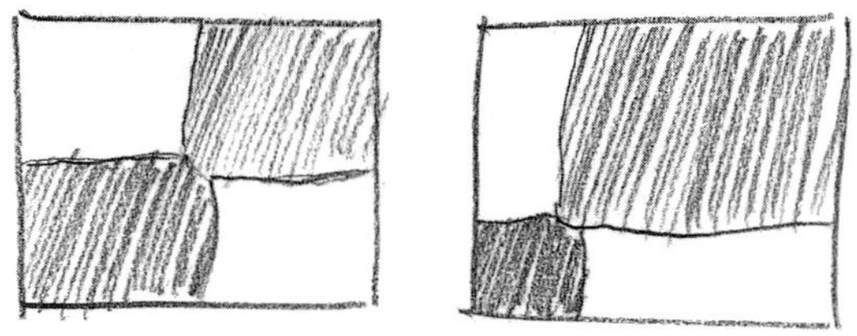

Gegenstandslose Formen und Flächen

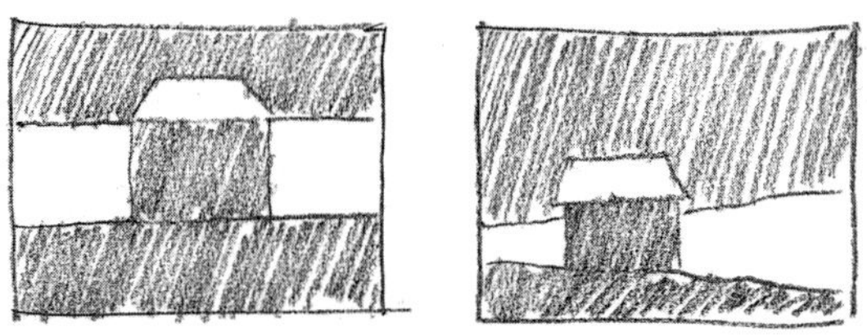

Welches Beispiel wirkt interessanter?

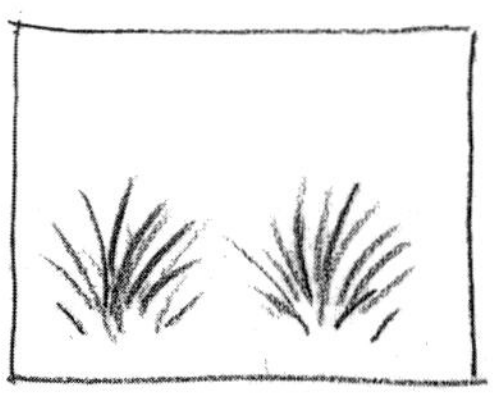

symmetrisch

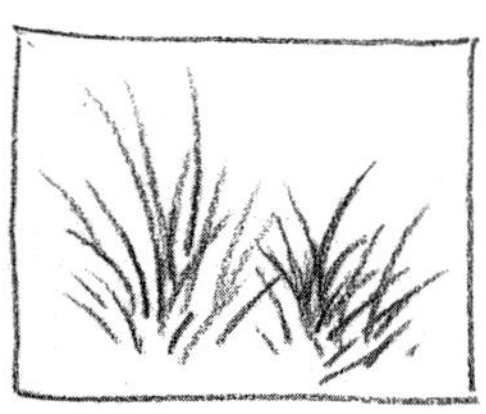

asymmetrisch

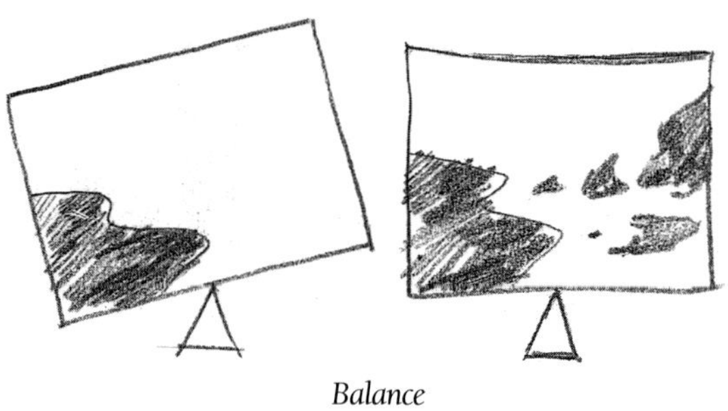

Balance

Die Komposition im Landschaftsaquarell

Regeln und Gefühle

Komposition, allein der Begriff läßt freie künstlerische Gefühle erstarren, erinnert er uns doch zu sehr an Regeln und Gesetze. Ich kann Sie beruhigen, ganz so schlimm ist es nicht. Logisches Denken allein führt nicht zu den besten Resultaten, im Gegenteil, Sie sollten auch mal ganz spontan und intuitiv entscheiden können. Das beste, das ich je über Komposition gelesen habe, lautet sinngemäß wie folgt: Lernen und lesen Sie, was es zu diesem Thema gibt, und dann vergessen Sie alles wieder. Das soll nun nicht heißen, daß es nichts zu beachten gibt. Es unterstreicht nur die angenehme Tatsache, daß auch ohne Begründung, nur aus dem Gefühl heraus entschieden werden kann. Es wurden viele Methoden und mathematische Formeln zur Ermittlung einer optimalen Bildraumaufteilung entwickelt, aber Gott sei Dank sind die Zeiten vorbei, als Bilder auf einer Basis von strengen geometrischen Formen und Rastern konstruiert wurden. Doch ohne Zweifel hängt das Gelingen eines Bildes nicht zuletzt von einer guten Komposition ab, und die unterliegt schon bestimmten Regeln. Grund genug, sich einige Gedanken über die Anordnung der Bildelemente vor dem Malen zu machen.

Gestaltungselemente und ihre Anwendung

Der Begriff Komposition wird im Lexikon wie folgt beschrieben: die Anordnung von Inhalten und Gestaltungselementen und ihre Beziehungen zueinander. Mit den Elementen sind bildnerische Mittel gemeint wie Linie, Farbe, Form und Hell-Dunkel-Werte, um die wichtigsten zu nennen. Auf unserem Blatt, also einem begrenzten Raum, sollten nun diese Mittel so angeordnet sein, daß sich eine ausgewogene Gesamtansicht ergibt.

Da es beim Malen, im Gegensatz zum Fotografieren, kein Problem ist, die Realität zu verändern, vereinfachen, abstrahieren oder Dinge ganz wegzulassen, haben wir viele Möglichkeiten, das Motiv so umzusetzen, wie wir uns das wünschen.

Was bedeutet das für die Gestaltung eines Landschaftsaquarells? Die erste, wichtigste Überlegung sollte dem Inhalt des Bildes gelten: Was soll es vermitteln und welche Elemente soll es beinhalten, wie die Aussagekraft verstärken. Der Ausgangspunkt ist unser Motiv, Dinge, die wir unter Anwendung der bildnerischen Mittel darstellen wollen.

Betrachten wir zuerst *Formen und Flächen*. Wenn wir zum Beispiel ein Haus aufs Papier zeichnen, haben wir eine positive Form. Gleichzeitig entstehen aber auch zwischen dem Haus und dem Bildrand oder anderen Gegenständen negative Flächen, die ebenso zu berücksichtigen und in die Gestaltung miteinzubeziehen sind. Formen, positive wie negative, sollten interessant und attraktiv sein. Größe und Anordnung der Formen und Flächen zueinander spielen eine wichtige Rolle.

Gegenstände und Stimmungen werden mit *Farben* dargestellt: Wenig Probleme in Bezug zur Komposition bereitet eine Stimmung ganz in Grau- oder Blautönen gehalten, die Anordnung der Farben ist ausgewogen. Schwieriger wird es bei einem Motiv mit vielen unterschiedlichen Farbtönen beziehungsweise einer Landschaft, die von einem See oder einer gelben Löwenzahnwiese dominiert wird. Diese Töne müssen in die Komposition eingeflochten oder so plaziert werden, daß kein Ungleichgewicht entsteht.

Linien dienen nicht nur zur Begrenzung von Flächen und Gegenständen, allein schon durch ihre Präsenz, zum Beispiel als Pinselstrich oder Gräser, ziehen sie das Auge auf sich und beeinflussen dadurch die Gestaltung. Die Pinselzeichnung dient nicht nur dazu, das Bild zu schmücken, sie ist ein bildnerisches Mittel.

Die *Hell-Dunkel-Werte* sind für Aquarellisten von besonderer Bedeutung. Wie Sie wissen, erfordert die Technik der Aquarellmalerei die Aussparung der weißen Stellen, also muß man diese im voraus festlegen und planen, das heißt, gleich in die Komposition mit einbeziehen. Hell-Dunkel sowie der sinnvollen Anordnung von Grauwerten und weißen Stellen widme ich viel Zeit in der Gestaltung meiner Bilder. Das kommt der Leichtigkeit des Aquarells zugute, und durch die gute Planung kann man zügig arbeiten.

Mit den besprochenen bildnerischen Mitteln können Sie Gefühle vermitteln, Bewegung, Balance,

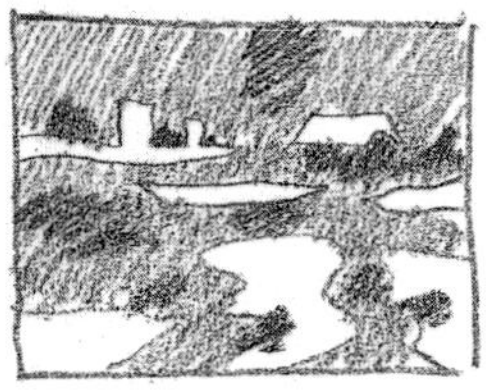

isolierte Elemente

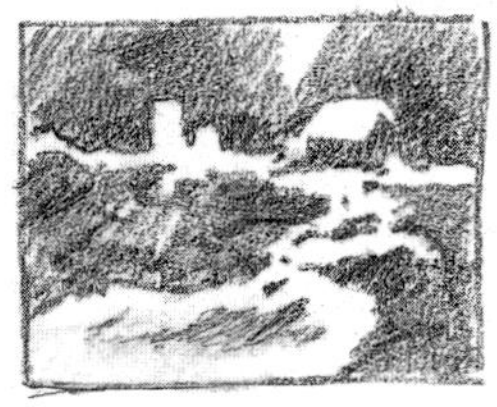

Passagen durch Verbindungen

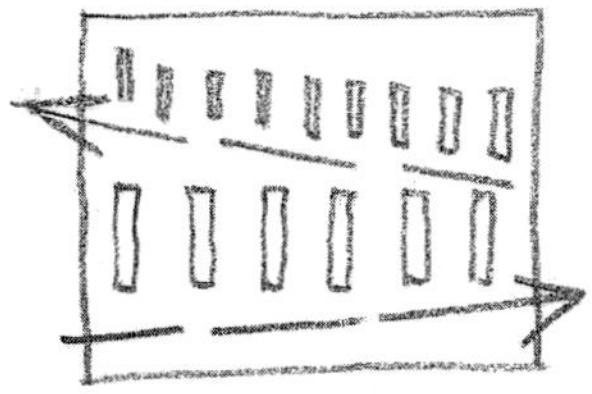

Das Auge wird aus dem Bild geführt

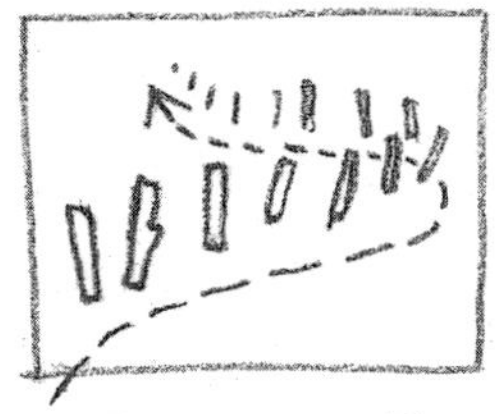

Bewegung ins Bild

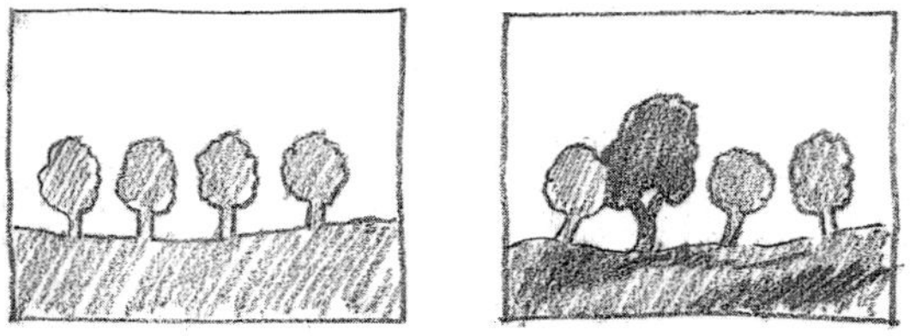

Spannung durch Hervorhebung

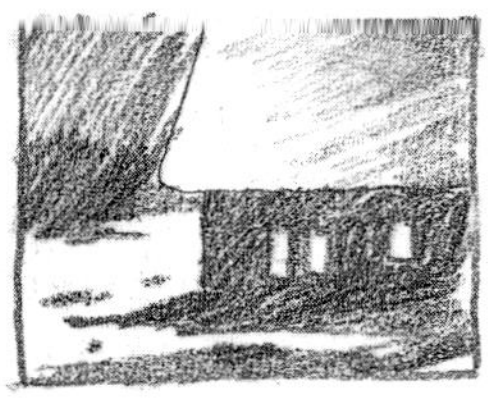

nah

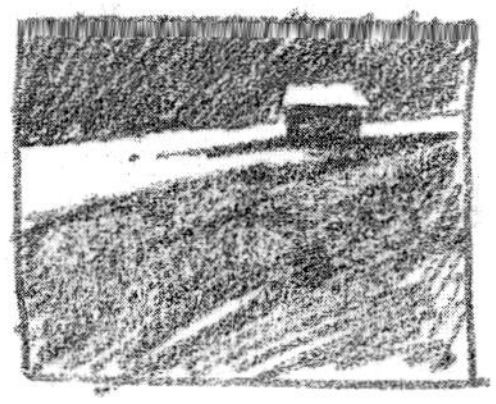

fern

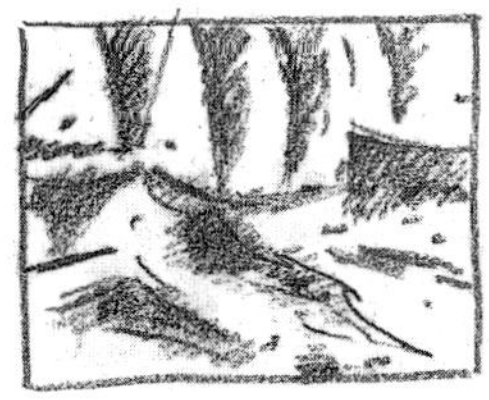

Chaos
Das Auge springt ziellos von Stelle zu Stelle

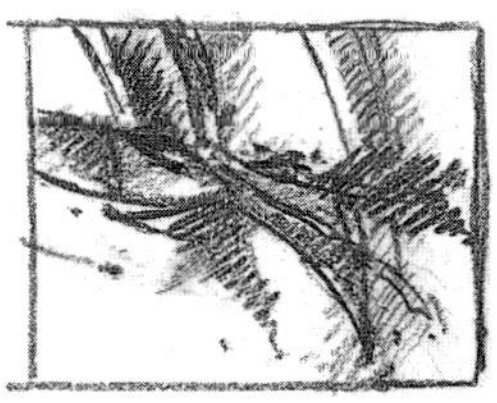

Einheit
ruhige und belebte Flächen wechseln sich ab

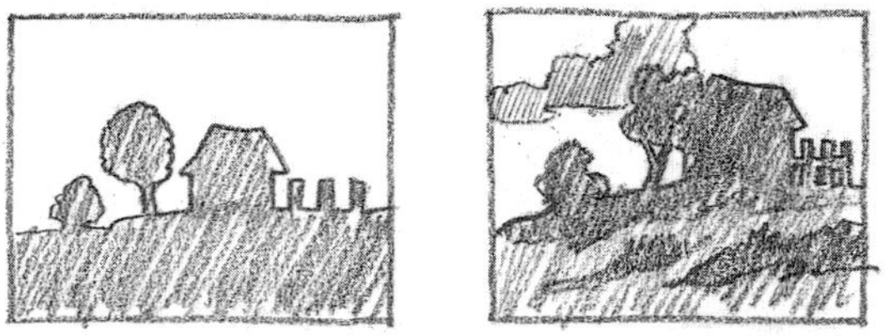

Vergleichen Sie die positiven Formen (schraffiert) und die negativen (weiß)

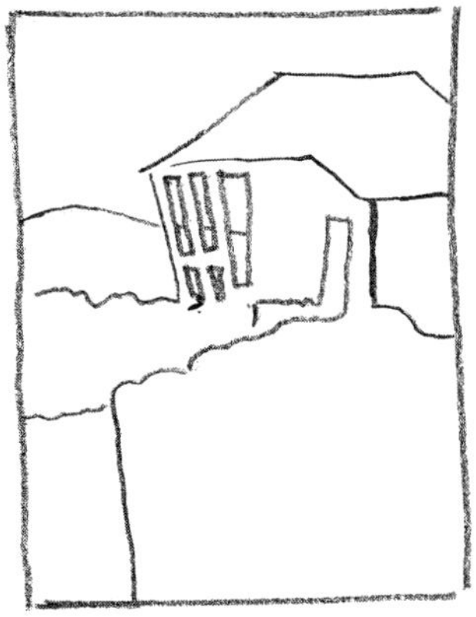

Achten Sie auf die Aufteilung des Bildraums

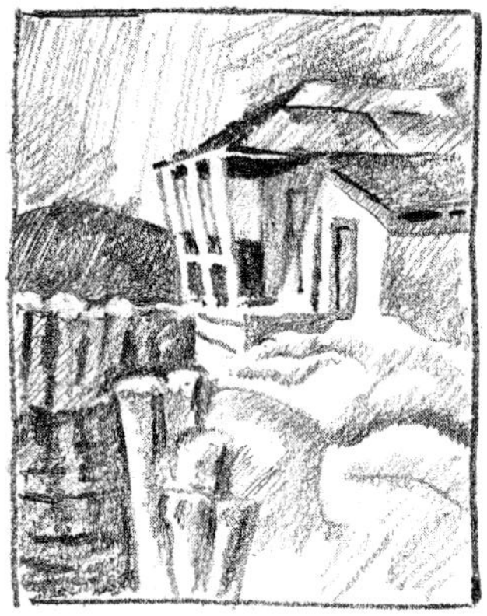

Planung des Hell-Dunkel, achten Sie auf die Verbindung der weißen Stellen und den Kontrast der dunkelsten Werte

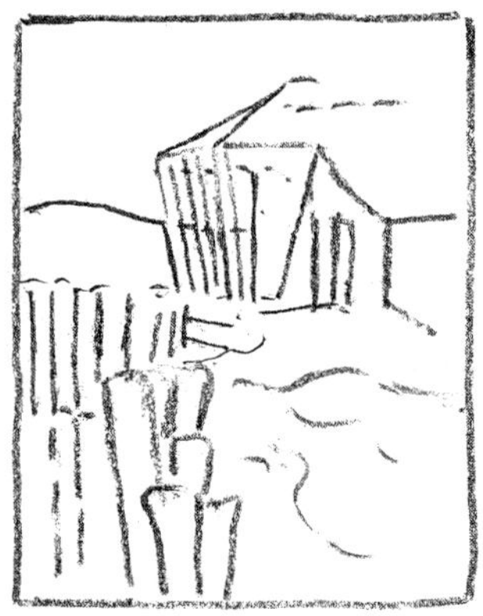

Dominanz der Senkrechten Spannung durch Unregelmäßigkeit in Länge und Richtung der Linien

Harmonie in Ihre Gestaltung bringen, räumliche Tiefe schaffen oder das Auge des Betrachters durch das Bild und auf bestimmte Stellen führen. Hierzu einige Anregungen: Horizontale Bewegungen und Querformate wirken ruhig, diagonale Linien und Anordnungen aggressiv und bewegt. Vertikale und hochformatige Kompositionen vermitteln einen majestätischen, religiösen Charakter, denken Sie an Bäume oder Kirchen, auch hier werden Gefühle durch Assoziation angesprochen. Ziel der Komposition ist, die Vielfalt der Dinge so zu ordnen, daß eine Einheit entsteht, die den Betrachter anzieht. Unwillkürlich folgt das Auge einem „Pfad", den die Komposition vorgibt, mit Stopps hier und da, schneller dagegen durch langweilige Stellen. Diese Pfade entstehen durch Wiederholung von Elementen, richtungweisende Linien oder Konturen sowie tonale Abstufungen und bringen so Bewegung ins Bild. Mehrere gleiche Formen und Abstände wirken uninteressant. Von Harmonie spricht man, wenn alle Dinge in Relation zum Bildraum so balanciert sind, daß ein ästhetisches Gleichgewicht herrscht. Hier lauert die Gefahr, eine total gleichförmige, langweilige Ordnung zu schaffen, das wäre nicht im Sinne eines spontanen Aquarells. Vermeiden Sie Symmetrie, Monotonie ist der Feind der Komposition.

Beispiele für die Praxis

Kommen wir nun zurück zum Thema des Bildes. Zu Beginn habe ich erwähnt, daß die wichtigste Überlegung dem Inhalt gelten soll. Wir haben uns dann mit Linie, Farbe, Form und Grauwerten beschäftigt sowie mit Harmonie, Balance und Bewegung und wie man das Auge durch das Bild führt. Wie aber lenkt man das Auge auf bestimmte Stellen und wie hebt man wichtige Elemente, die vielleicht das Thema des Bildes sind, hervor? Durch Kontraste und Verschiedenheit, und das bezieht sich wieder auf die Gestaltungselemente.

Mit ein paar Skizzen können Sie das gleich testen. Zeichnen Sie einen Zaun, eine Reihe gleicher Pfähle. Sobald Sie einen anders, also größer, schräger, dicker zeichnen, zieht dieser das Auge auf sich. Dasselbe geschieht, wenn Sie in eine vorwiegend blaue Komposition einen orangen, also komplementären Ton setzen, dieser würde sofort „ins Auge springen".

Kontrast können Sie natürlich auch mit den Hell-Dunkel-Werten schaffen. Legen Sie eine Skizze in Farbe oder Grautönen an, in einem gleichförmigen, mittleren Tonwert, lassen Sie eine weiße oder helle Stelle und in oder direkt neben diese setzen Sie nun den dunkelsten Ton. Was passiert? Das Auge wird von diesen Konfliktgruppen angezogen, und so können Sie wichtige Dinge in Ihrem Bild hervorheben. Ein Trick, der in der Werbung eingesetzt wird, um Produkte oder Mitteilungen hervorzuheben.

Auch die Illusion von räumlicher Tiefe wird mit bildnerischen Mitteln geschaffen. Wie Sie wissen, wirken Objekte kleiner, heller, kontrastarmer und weniger detailliert, je weiter wir von ihnen entfernt sind. Also schaffen wir Tiefe, indem wir das Größenverhältnis der Formen zueinander verändern, Tonwerte abstufen und den Kontrast reduzieren. Durch dic Darstellung der dritten Dimension führen wir den Betrachter in die Ferne, also ins Bild.

Sie werden bemerkt haben, das Problem der Komposition ist nicht so einfach in den Griff zu

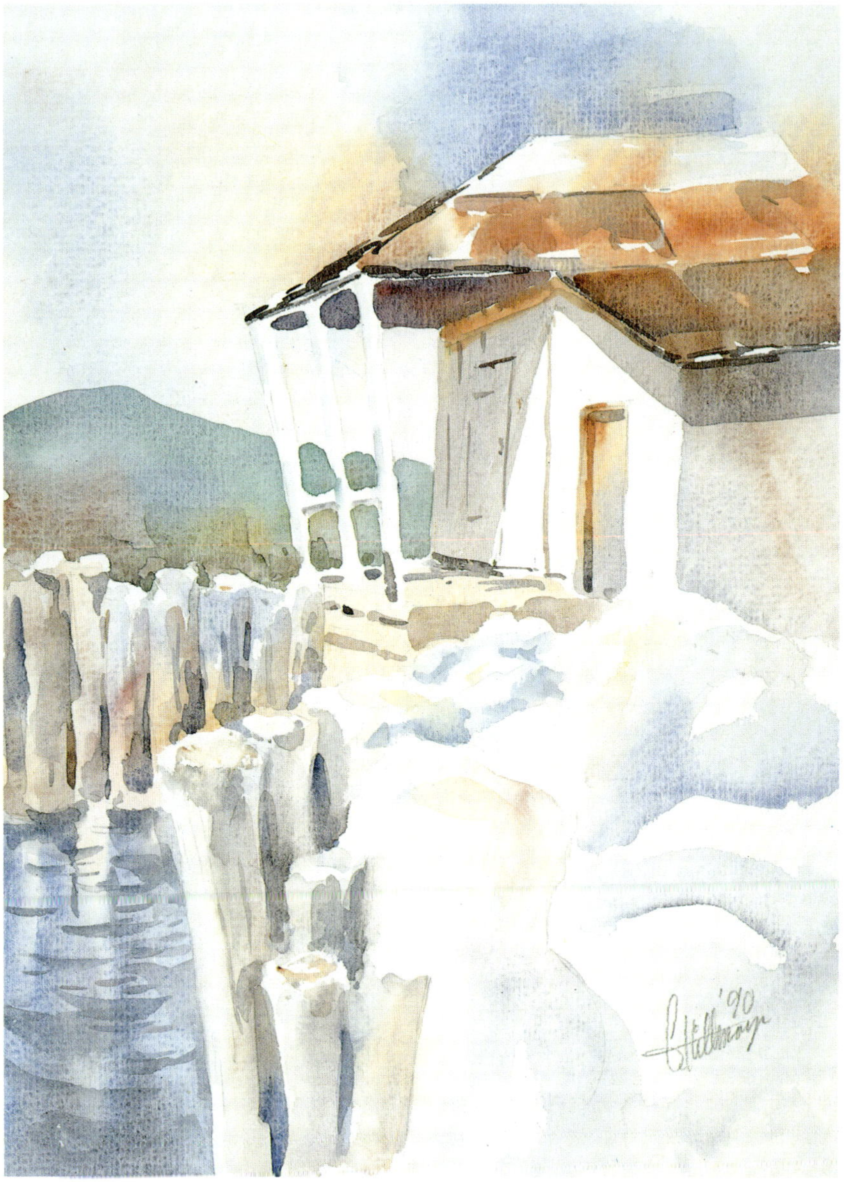

Fishing Shack / Kanada
24 × 32 cm

bekommen. Man muß viel üben und probieren, um ein sicheres Gefühl zu entwickeln. Auch das Analysieren „alter Meisterwerke" ist zu empfehlen. Machen Sie es sich zur Gewohnheit, jedes Motiv mit einer Skizze auf seine Möglichkeiten zu untersuchen. Skizzen helfen entscheiden, ob der Ausschnitt richtig ist, die Komposition ein gutes Gefühl vermittelt, und nicht zuletzt werden wir durch Skizzieren mit dem Motiv vertraut. Die Skizzen brauchen nicht so ausführlich und groß zu sein. Im Gegenteil, je kleiner sie sind, desto schneller sind sie gemacht, und Sie verfallen nicht der Versuchung, in Details zu gehen.

Als erstes sollten Sie den Rahmen festlegen, also den Bildraum begrenzen. Nur so können Sie urteilen, wie sich die Formen und Flächen in Relation zum Bildraum verhalten. Zeichnen Sie jetzt mit einem HB-Bleistift die wichtigsten Bildelemente in groben Zügen innerhalb der Bildfläche und legen dann gleich den ersten Grauton als Schraffur an, hier beginnt die Planung der weißen Stellen. Als nächstes bauen Sie mit einem weichen Bleistift, 2B oder 4B, die dunkleren Tonwerte in die Komposition ein. Die Größen meiner Skizzen liegen unterschiedlich von 4 × 6 cm bis ungefähr 10 × 15 cm, je nach Motiv und Laune. Wichtig ist aber, daß Sie mehrere Skizzen anfertigen, um verschiedene Möglichkeiten zu testen und sich für die beste Lösung entscheiden zu können. Denken Sie auf dem Papier, das schult Ihr Auge für die Erkennung von Motiven.

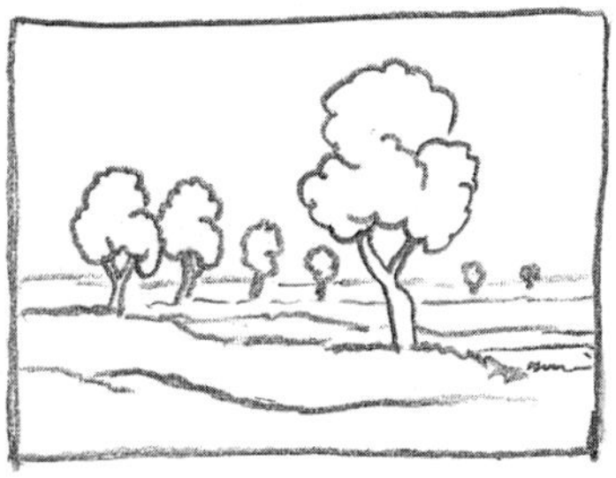

Tiefe durch kleiner werdende Formen

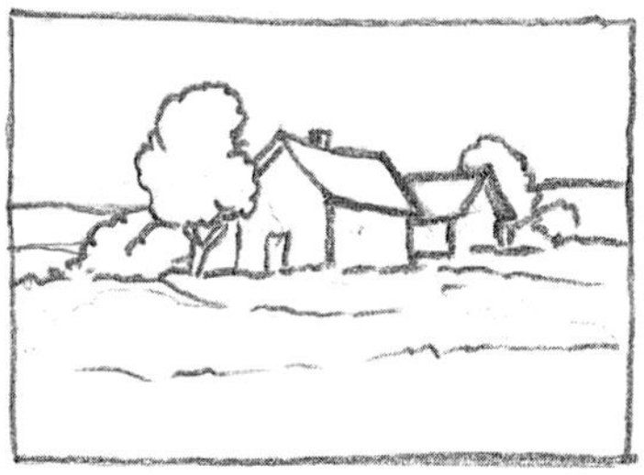

Tiefe durch Überschneidung

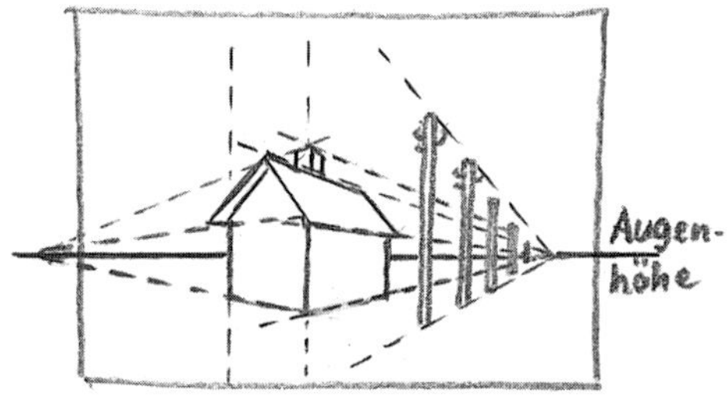

Perspektivischer Verlauf von Linien

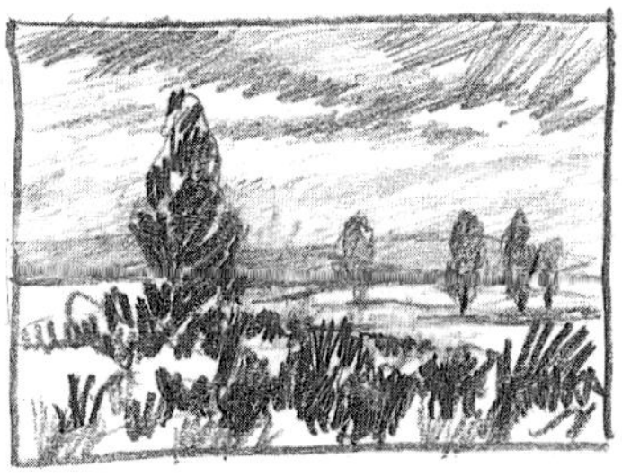

Hervorheben von Vordergrund

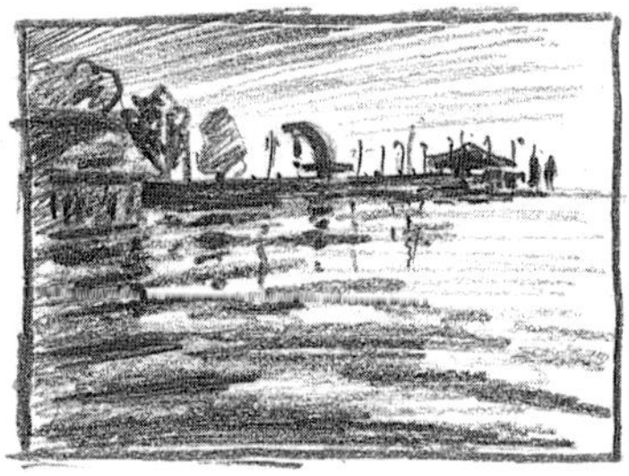

. . . Mittelgrund

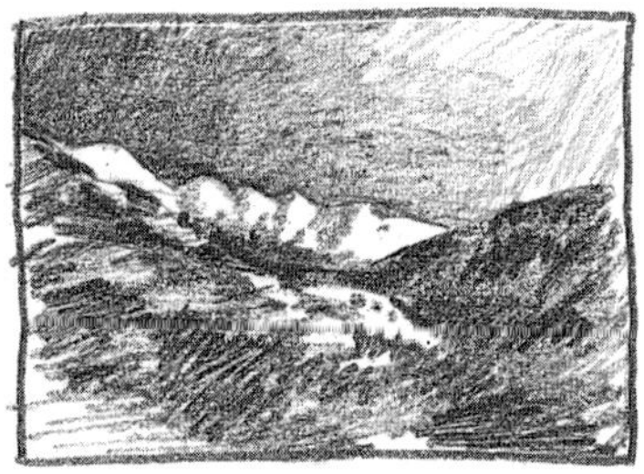

. . . Hintergrund

Die Landschaft als Aquarell

Vordergrund, Mittelgrund, Hintergrund

Im Zusammenhang mit der Malerei taucht immer wieder der Begriff Illusion auf, und da die Landschaft auf dem Papier aus nichts anderem als Farbe besteht, ist die Bezeichnung wohl zutreffend. Die größte Illusion dabei ist die der räumlichen Tiefe, denn auf einem Blatt Papier, das nur Höhe und Breite hat, kann die dritte Dimension nicht Realität sein. Aber gerade mit dem Unmöglichen erzielt man in der Zauberei die größte Wirkung, und ich denke, das ist sicher auch ein Grund dafür, warum die Landschaftsmalerei so faszinierend ist. Alle, die schon das Zaubern versucht haben, wissen, wie schwierig es ist, eine perfekte Illusion zu schaffen. Das trifft auch für die Malerei zu, besonders Anfänger tun sich schwer mit der Tiefenwirkung.

Aber die Sache wird erheblich einfacher, wenn man die richtigen Tricks oder Hilfsmittel kennt. Versuchen Sie bei Gelegenheit festzustellen, wie verschiedene Dinge auf Sie wirken, die weit entfernt sind. Ein typisches Beispiel sind Eisenbahnschienen oder Straßen, mit zunehmender Entfernung scheinen Parallelen zusammenzulaufen, und Gegenstände wirken aus der Distanz erheblich kleiner als solche von gleicher Größe direkt vor uns. Eine bunte Blumenwiese scheint aus der Ferne betrachtet an Intensität und Vielfalt der Farben zu verlieren, alle Details verschwimmen zu fast gleichmäßigen Formen und Farben. Eigentlich ist es nichts Neues, daß Dinge aus der Ferne anders wirken als in unserer unmittelbaren Umgebung, aber wie übertragen wir diese Wirkung aufs Papier?

Um das Problem zu vereinfachen, teilen wir die Tiefe in drei Einheiten auf: Vordergrund, Mittelgrund und Hintergrund. Heben wir nun einen dieser Bereiche auf Kosten der beiden anderen hervor, geben wir dem Betrachter das Gefühl, seine Augen auf diese Schicht gerichtet zu haben. Diese Wirkung ist deutlich erkennbar auf Fotos, die mit dem Teleobjektiv aufgenommen wurden. Alles, was in dem Bereich liegt, der scharf eingestellt war, ist gut erkennbar, der Rest verschwimmt. Natürlich wollen wir nicht immer Teile unserer Bilder unklar haben, aber es gibt ja noch andere Mittel, Bereiche im Bild unterzuordnen oder hervorzuheben. Denken Sie an die bildnerischen Mittel, die wir im Kapitel Komposition besprochen haben. Hier einige Beispiele, wie wir mit Hilfe dieser Mittel Landschaftsaquarelle dreidimensional wirken lassen.

Formen werden mit zunehmender Entfernung kleiner dargestellt und durch Überschneidung zusätzlich hervorgehoben beziehungsweise zurückgedrängt.

Linien geben Tiefenwirkung durch einen perspektivischen Verlauf. Die perspektivische Darstellung ist ein zeichnerisches Problem und kann hier nicht weiter behandelt werden, es gibt allerdings eine vereinfachte Regel, die sehr hilfreich ist: Die Augenhöhe bezeichnet man als Horizontlinie, alle Linien darüber fallen zum Fluchtpunkt, die Linien unterhalb steigen. Eine weitere Möglichkeit zur Ermittlung des Verlaufs einer Linie sieht folgendermaßen aus: Halten Sie Ihren Zeichenstift waagerecht vor die Augen, und vergleichen Sie die zu ermittelnde Linie. Die Waagerechte des Zeichenstiftes entspricht dabei dem Blattrand. Ebenso kann der Verlauf von Senkrechten ermittelt werden.

Hell-Dunkel-Kontraste verringern sich mit zunehmender Entfernung. Dunkle Stellen drängen sich im Bildraum nach vorne, um so mehr, wenn sie mit hellen kontrastiert werden.

Farben, richtig angewendet, tragen enorm viel zur Tiefenwirkung eines Bildes bei. Wie schon erwähnt, verlieren Dinge an Farbintensität und Farbwert mit zunehmender Entfernung. Wir sollten im Hintergrund also nicht zuviele unterschiedliche und keine konzentrierten Farbtöne verwenden. Vielmehr müssen Sie für diesen Bereich etwas vermischt, also vergraut werden. Denken Sie an die Wirkung von Dunst und Nebel.

Weiter ist zu berücksichtigen, daß sich warme Töne nach vorne drängen, kalte dagegen mehr zurückweichen. Die Kalt-Warm-Wirkung der Farben kann zusätzlich durch das Umfeld beeinflußt werden, so wirkt ein Orange erheblich wärmer in grüner als in gelber Umgebung.

Die Hervorhebung des Vordergrundes ist das naheliegendste, da wir hier Unterschiede und Details am deutlichsten erkennen. Durch mehr oder weniger Kontrast oder Trennung der Bildschichten können die unterschiedlichsten Stimmungen erzielt werden. Betrachten Sie die Bilder in diesem Buch, und versuchen Sie herauszufinden, wo die Gewichtung liegt. Machen Sie sich Gedanken vor dem Malen, was Ihnen am Wichtigsten erscheint am Motiv. Vereinfachen Sie dann den Rest, um die Komposition nicht zu überladen.

Wolken, Berge, Bäume

Sehr wichtige, häufig wiederkehrende Elemente einer Landschaft, nachlässig oft nur als „Kulisse" betrachtet, sind Wolken, Berge oder Hügel und Bäume. Wie Kulissen im Theater können sie die Stimmung zu einer bestimmten „Szene" geben, aber darüber hinaus kann man diese Elemente gemeinsam oder jedes für sich zum eigentlichen Inhalt eines Bildes machen.

Wolken

Beginnen wir mit „Wolkenbildern", welche meistens schon im ersten Arbeitsgang gemalt werden. Für ein besseres Verständnis der Wolken sollten Sie diese bei jeder Gelegenheit aufmerksam beobachten. Überlegen Sie, welche Farben bestimmte Stimmungen am besten wiedergeben. Am Himmel ist die Lichtquelle der Landschaft, und das sollte in der Darstellung von Wolken zum Ausdruck kommen, genauso wie die Tatsache, daß sie immer in Bewegung sind. Wolkenformationen sind nicht nur Formen am Himmel, sie reflektieren Wettersituationen, die in der Farbzusammenstellung der Landschaftsaquarelle berücksichtigt werden müssen. Natürlich gibt es viele Wolken- und Wettersituationen, wir wollen uns mit einigen typischen beschäftigen.

Auch wenn die hier gezeigten Beispiele genau ausgeführte Wolkenbilder darstellen, so muß das nicht in jedem Bild so sein. Vergleichen Sie, wie unterschiedlich der Himmel und die Wolken in anderen Bildern gemalt wurden. Wichtig ist, daß Sie den Charakter der Wolken wiedergeben und daß sie in Farbe und Form in die Komposition integriert sind. Durch ihre Transparenz ist die Aquarelltechnik das ideale Medium, um lichtdurchflutete Wolkenstimmungen zu malen. Tragen Sie deshalb die Farbe nicht zu dick auf.

Himmel. Der Himmel ist ja nicht immer mit Wolken bedeckt, deshalb kurz zu dieser scheinbar einfachen Situation. Scheinbar einfach, weil man dazu tendiert, den klaren Himmel blau zu malen. Das entspricht aber nicht der Realität. Bei näherer Betrachtung werden Sie feststellen, daß er direkt über uns im dunkelsten Ton erscheint, dann aber in Richtung Sonne gelblicher und am Horizont blasser oder sogar leicht grau ist. Beginnen Sie am oberen Bildrand mit einem breiten Streifen Ultramarinblau oder Cölinblau, dann mit viel Wasser etwas Krapplack dunkel zugeben und mit ausgewaschenem Pinsel und einer wäßrigen

Mischung Lichter Ocker den Farbauftrag bis zum Horizont ausziehen. Direkt über dem Horizont genügt klares Wasser, damit der Ton nicht zu dunkel wird. Der Himmel im Titelbild dieses Buches wurde so gemalt. Versuchen Sie, das Mischungsverhältnis der Farben untereinander und der Farben zum Wasser zu variieren.

Federwolken. Sie sind nicht allzu schwierig und wirken sehr spontan und frisch. Diese Art von Wolken sieht man häufig im Sommer, vom Wind langgezogen schweben sie wie Federn am Himmel. Farben können Sie wieder dieselben verwenden wie für den „blauen Himmel“. Die weißen Wolken entstehen dadurch, daß man mit schnellen Pinselstrichen und durch Abstand von einem zum anderen Strich weiße Stellen stehen läßt. Vermeiden Sie zu viele kleine Stellen, die sonst wie Flecken oder Muster wirken.

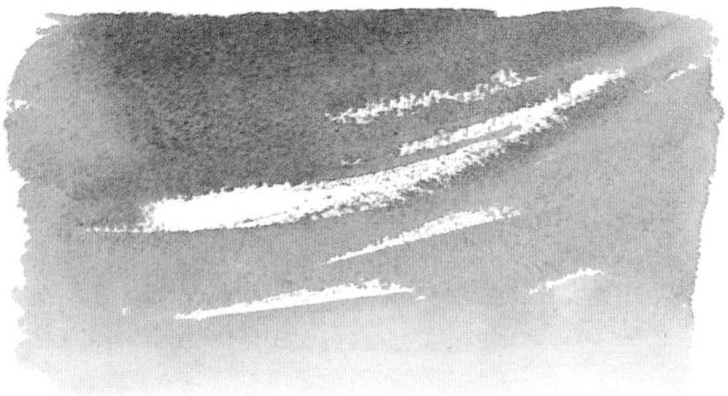

Kumuluswolken. Schwieriger wird es mit den blumenkohlartigen Haufenwolken. Sie sind meistens sehr dicht, unterseits flach und nach oben mehrfach gewölbt, eben wie Blumenkohl. Vom reinen Weiß auf der lichtzugewandten Seite bis zum Grau auf der Schattenseite, geben sie manchmal sogar den Anschein, als reflektierten sie die Farben der darunterliegenden Landschaft. Auf meinem Beispiel zu dieser Wolkenformation habe ich eine komplett ausgebildete Form dargestellt, das ist nicht immer notwendig, manchmal genügt schon eine Andeutung. Nun zum technischen Ablauf. Bereiten Sie in der Mischpalette zwei Töne vor. Blau für den Himmel, also wieder Ultramarinblau, und einen Grauton. Dieser sollte nicht langweilig, schmutzig sein, sondern subtile Farbunterschiede aufweisen. Mischen Sie dafür Ultramarin- oder Cölinblau, Krapplack dunkel und etwas Lichter Ocker miteinander auf Ihre Palette, rühren aber nicht durch. So können Sie nach Bedarf den Grauton mehr auf der Gelbseite oder der Rotseite entnehmen.

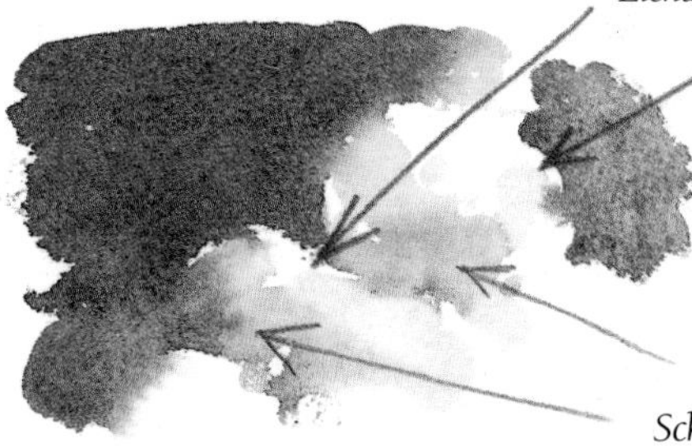

Die Grundform der Wolken können Sie mit einem HB-Bleistift leicht vorzeichnen, aber Vorsicht, keinen perfekt runden Ball mit regelmäßiger Kontur. Beginnen Sie nun mit einer sehr flüssigen Mischung von Blau. Rasch arbeitend legen Sie den Himmel von oben her bis zur Kontur der Wolken an. Jetzt kommt der schwierigste Teil, der etwas Übung braucht. Waschen Sie den Pinsel aus, und streifen Sie das Wasser ab. Nun ziehen Sie an der Schattenseite der Wolkenform den noch feuchten Blauton in die Wolke, so verhindern Sie durchgehende harte Umrisse. Achten Sie darauf, daß kein Wasser zurück in den Hintergrund (Himmel) und nicht zuviel vom Blauton in die Wolke fließt. Saugen Sie notfalls überschüssiges Wasser mit dem Pinsel ab. Die Lichtseite der Wolke muß unbedingt weiß bleiben. Auf die Schattenseite können Sie nun die Graumischung auftragen. Versuchen Sie, die Wolkenform zu modellieren, schaffen Sie den Übergang zum Weiß mit dem ausgewaschenen Pinsel. Betrachten Sie mein Beispiel genau: wo die Wolke weiß ist, wo harte Konturen und wo weiche Übergänge sind. Beachten Sie auch die klaren Farben, die ich für dieses Motiv verwendet habe. Sie bringen die Stimmung dieser Wettersituation zum Ausdruck.

Schleierwolken. Jetzt kommen wir zu einer farblich sehr interessanten Situation, dem Sonnenuntergang mit Schleierwolken. Meistens als romantischer Kitsch verachtet, hat er für Aquarellisten doch einen besonderen Reiz, denn hier kommen die transparenten Aquarellfarben voll zur Geltung. Das Sonnenlicht läßt die Atmosphäre in warmem Gelb bis Violett aufleuchten. Die Wolken befinden sich zwischen uns und dem Licht, das heißt, wir sehen die Schattenseite. Die Konturen von Schleierwolken verschwimmen teilweise mit dem Hintergrund, stellenweise sind die Wolken dichter und verdecken das Licht, wirken also dunkler. Die Perspektive der Wolken ist in meinem Beispiel deutlich zu erkennen. Direkt über dem Be-

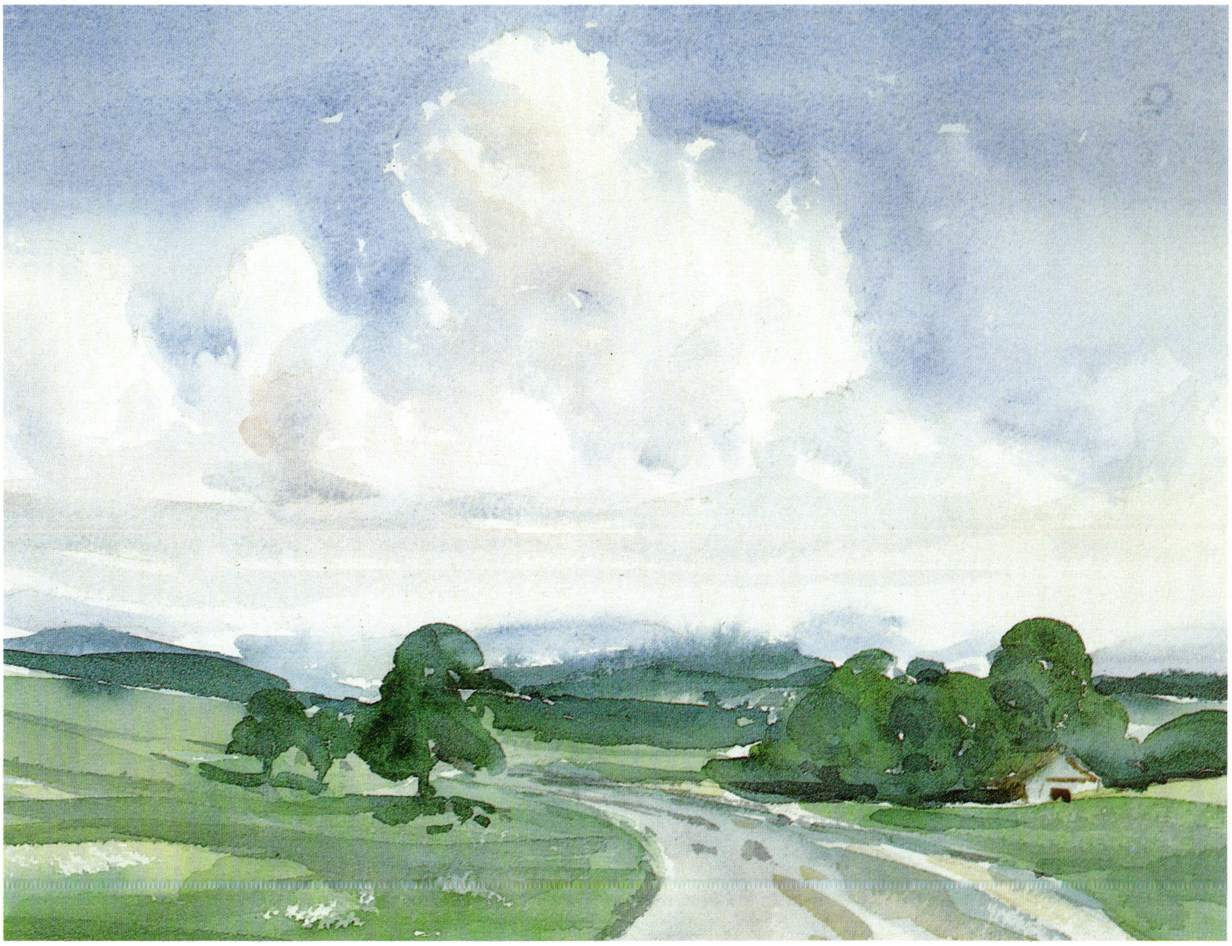

oben: Kumuluswolken, 27 × 19 cm
rechts: Schleierwolken, 23 × 17 cm

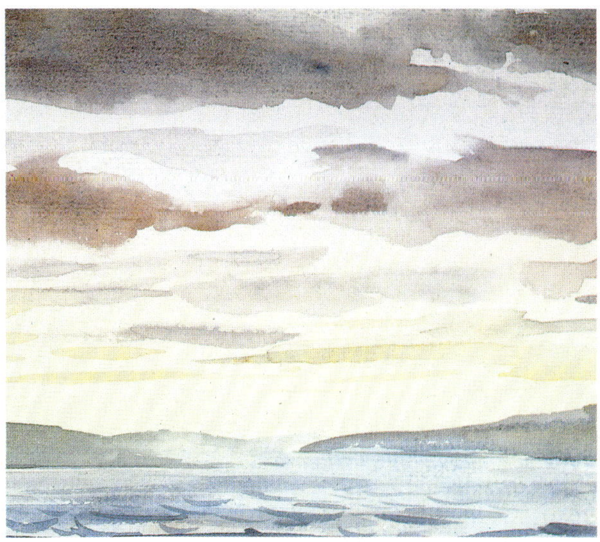

trachter sind die Wolkenformen groß und dunkel, je weiter entfernt, desto kleiner und heller werden sie.

Gemalt wird diese Stimmung in Lasurtechnik. Beginnend mit einer Mischung aus Ultramarinblau und Krapplack dunkel, zieht man einen gleichmäßigen Farbverlauf aus, dem man nach unten zunächst mehr Krapplack und dann warmes Gelb zugibt. Am Horizont sollte er wieder am hellsten und fast nur gelb sein. Nachdem dieser Farbauftrag trocken ist, malt man die Wolken. Die Farben sind dieselben, nur konzentrierter. Im voraus sollte man sich Gedanken über die Formen der Wolken machen und dann rasch malen. Zwischendurch wäscht und tupft man den Pinsel aus und verwischt stellenweise die Konturen, so erzielt man den für Schleierwolken typischen Charakter. Folgendes wäre noch zu beachten. Übermalen Sie nicht den ganzen Himmel mit Wolken, Sie verlieren sonst die Lichtwirkung. Beim Verwaschen der Konturen die Farbe immer von der feuchten Wolke in den trockenen Himmel ziehen und nicht umgekehrt. Reiben Sie nicht zu sehr mit dem Pinsel auf dem ersten Farbauftrag, dieser wird sonst aufgewischt. Um ein schönes Verhältnis zwischen harten und verwaschenen Konturen zu erhalten, braucht man etwas Übung.

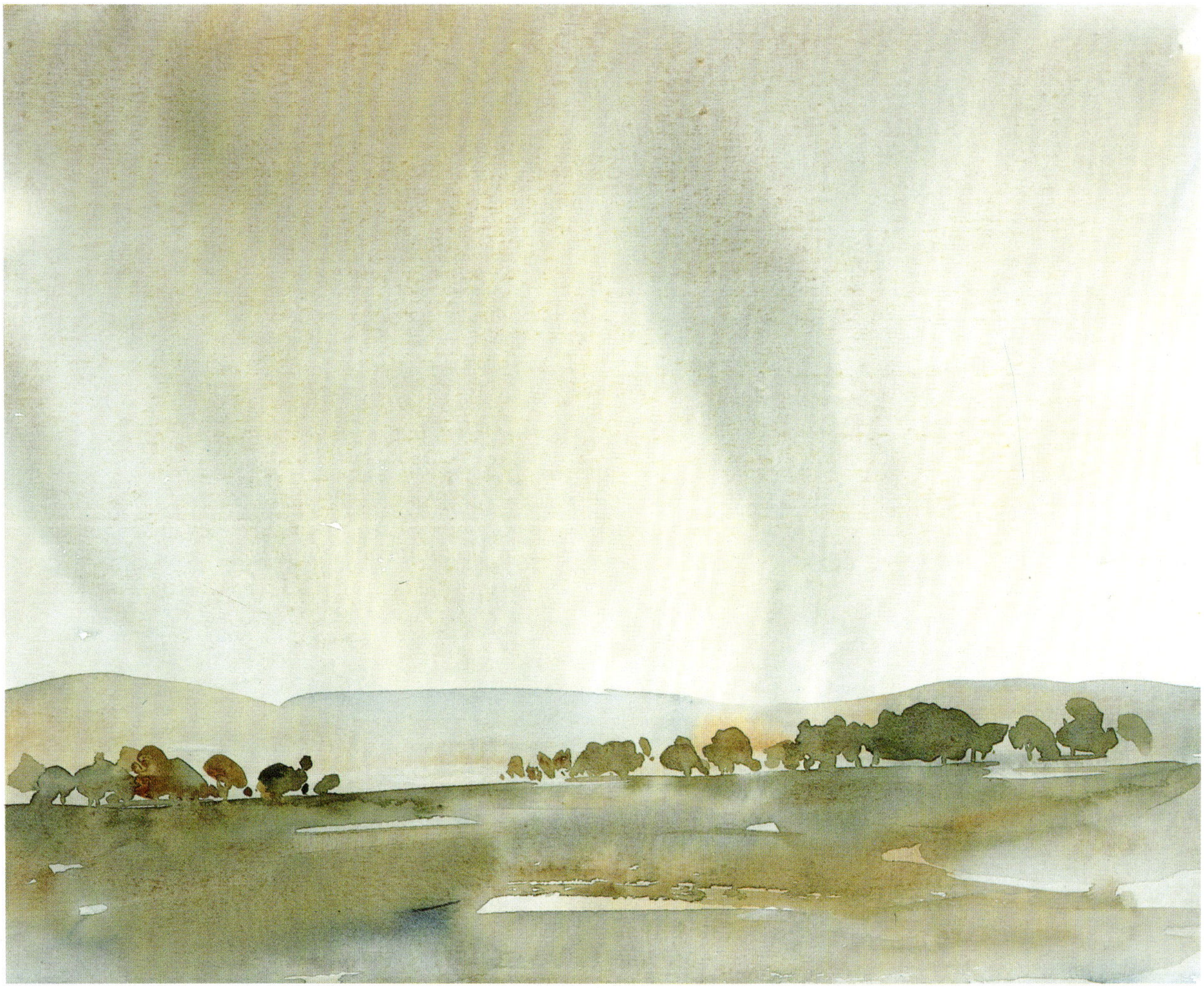

Regenschauer, 32 × 24 cm

Regenwolken. Eine absolute Herausforderung für Aquarellisten sind Regen- und Gewitterstimmungen. Es liegt in der Natur der Mittel, daß man diese besonders attraktiv darstellen kann. Es gibt eine Vielfalt von Regenwolken, verbunden mit schwierig definierbaren Lichtverhältnissen. Als Beispiel will ich Ihnen zwei Situationen zeigen, zuerst Regenschauer und anschließend Gewitterwolken. Charakteristisch für solche Stimmungen sind Grautöne, die, wie schon erwähnt, nicht stumpf oder schmutzig sein dürfen. Beobachten Sie beim nächsten Regen oder Gewitter die subtile Farbigkeit der Grautöne.

Die Regenstimmung entstand folgendermaßen: Als Grundierung habe ich einen gleichmäßigen Ton von Lichter Ocker über das ganze Blatt gemalt. Nachdem das Papier die Feuchtigkeit etwas angezogen hatte, wurden die grauen Wolken mit Siena gebrannt und abwechslungsweise Cölinblau beziehungsweise Paynesgrau in fast senkrechten Pinselstrichen in den gleichmäßig feuchten Untergrund gemalt. Sehr wichtig ist die richtige Dosierung von Wasser zu Farbe, wie in Übung 3 beschrieben. Die Hügelkette im Hintergrund wurde auf den trockenen ersten Farbauftrag mit denselben Farben gemalt. Achten Sie auf die Farb- beziehungsweise Helligkeitsabstufungen. Um den Lichteffekt zu betonen, habe ich nach einer weiteren Trockenpause starken Kontrast durch den dunklen Mittel- und Vordergrund geschaffen.

Gewitterwolken. Trotz der gewaltigen Wolkenmassen sehen Sie lichte Stellen, hier direkt über dem Vordergrund. Die Gewitterwolken hängen bedrohlich tief, Licht kann an den dichtesten Stellen kaum durchdringen, daher wirken sie sehr dunkel. Dieses dramatische Naturschauspiel sollte allerdings erst angegangen werden, nachdem Sie etwas Erfahrung im Umgang mit der Naß-in-Naß-Technik gesammelt haben. Unumgänglich ist hier das Aufspannen des

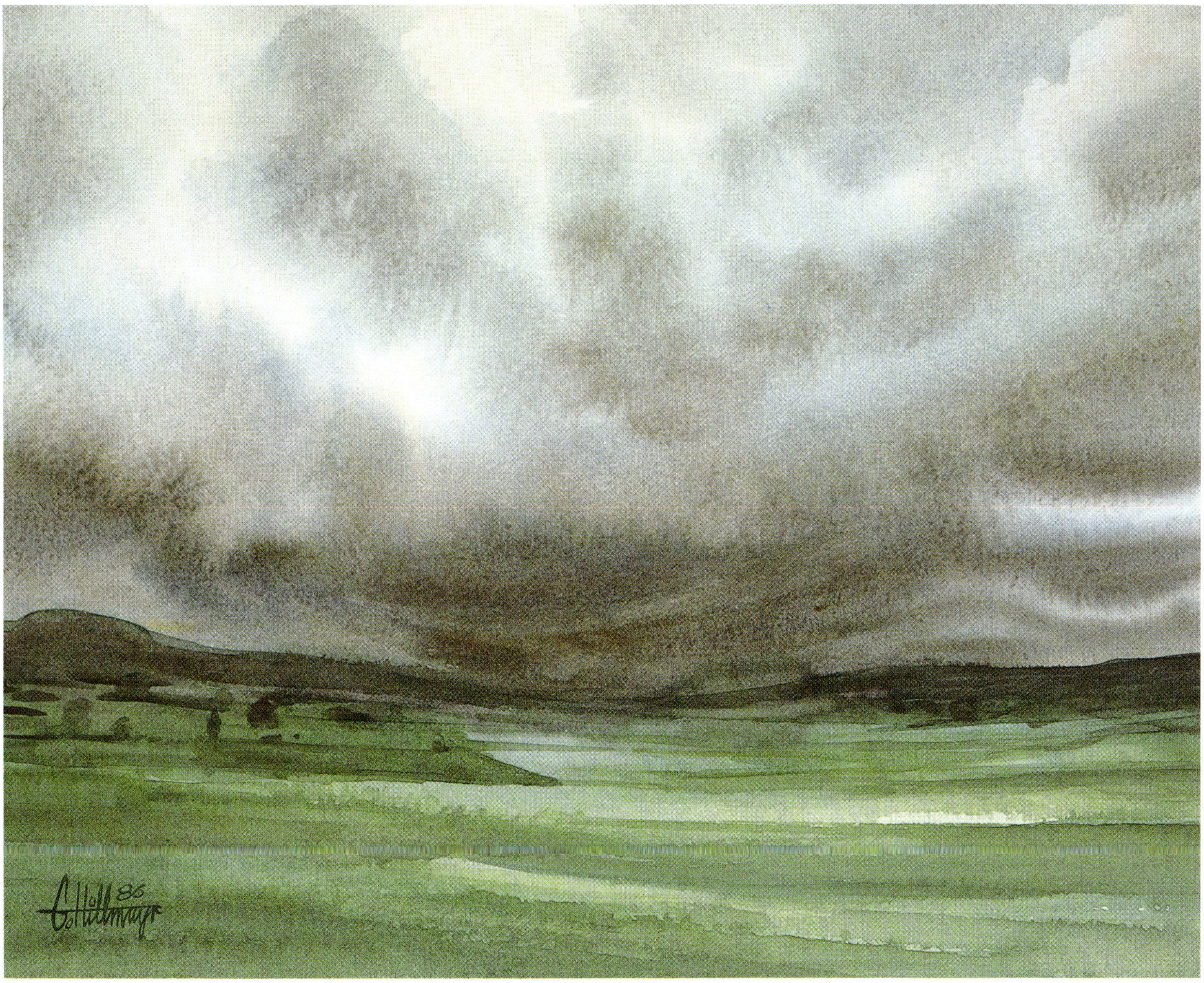

Gewitter, 42 × 32 cm

Papiers, das eine rauhe Oberfläche und ein Gewicht von mindestens 300 g/qm haben sollte.

Es ist schwierig, den genauen Malvorgang zu beschreiben, da es auf die Feuchtigkeit des Papiers sowie auf die Konzentration der Farbmischung ankommt. Das Blatt wurde bis zum Horizont befeuchtet, dann Cölinblau und Lichter Ocker für die helle Grundierung aufgetragen. In diesen Ton wurden nach einer kurzen Pause die dunkleren Stellen mit Ultramarinblau, Paynesgrau, Siena gebrannt und Krapplack dunkel gemalt. Sehr kritisch ist, den richtigen Zeitpunkt in bezug auf die Feuchtigkeit des Blattes zu finden. Beginnt man zu früh, verfließen die Farben und man hat keine Wolkenformen, ebenso verliert man die hellen Lichttöne. Der Aufbau der dunklen Töne kann durch wiederholte Farbzugabe erreicht werden, dazwischen muß man allerdings die gewünschte Feuchtigkeit abwarten. Die hellen Lichtstreifen in den Wolken rechts unten sind mit einem saugfähigen Pinsel durch wiederholtes Auswaschen der noch nassen Farbe erzielt worden. Dieses muß sehr sorgfältig geschehen, der Pinsel muß immer wieder ausgewaschen und gut abgestreift werden. Ist der Pinsel zu naß, fließt das Wasser in den Farbauftrag und schwemmt die Pigmente zur Seite. Auch mit einem Naturschwamm kann man die feuchte Farbe abheben, dabei muß der Pinsel mehrmals ausgewaschen und ausgedrückt werden. Solange das Blatt noch eine gewisse Feuchtigkeit hat, kann man die Farbe auf diese Weise manipulieren, also verstärken oder abwaschen. Sie sehen, Wolken- und Wetterstimmungen sind ein unerschöpfliches und dazu hochinteressantes Thema. Nichts beeinflußt die Landschaft mehr als die jahreszeitlich und witterungsbedingten Lichtverhältnisse. Widmen Sie deshalb diesem Thema viel Zeit, der Beobachtung in der Natur wie auch der Umsetzung von unterschiedlichen Impressionen.

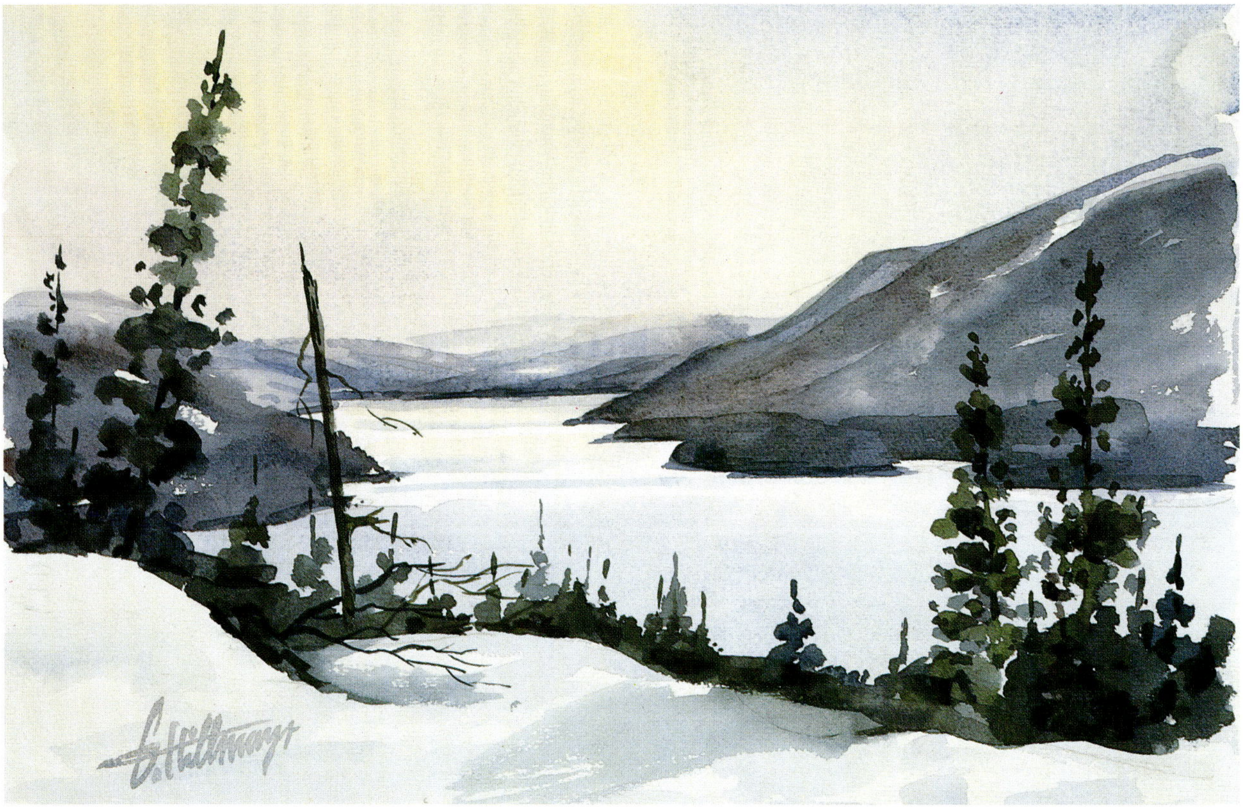

Bold oben: Muncho Lake / Kanada, 32 × 24 cm
Bild rechts: Prättigau / Schweiz, 44 × 29 cm

Berge und Hügel

Sie stehen im wahrsten Sinne des Wortes nicht so sehr im Mittelpunkt der Landschaftsmalerei. Entweder sieht man sie irgendwo am Horizont und werden dementsprechend in den Hintergrund des Motivs gedrängt, oder sie entsprechen nicht der idealen Vorstellung eines Aquarells. Selbstverständlich hängt es davon ab, wo man lebt und welche Beziehung man zum Motiv hat. Wer aber die Bergwelt kennt, weiß, wie faszinierend die manchmal abrupt wechselnden Licht- und Witterungsverhältnisse sein können. Wobei wir schon wieder beim Licht wären, und aus diesem Grund möchte ich auch mal die Bergwelt als Inspiration empfehlen.

Hügel und Bergzüge im Hintergrund stellen maltechnisch kein so großes Problem dar, als daß man diesem Thema zuviel Platz einräumen müßte. Man kann sie Naß-in-Naß in den Himmel beziehungsweise Wolken malen, solange diese noch die erforderliche Feuchtigkeit haben, oder etwas kontrollierbarer in Lasurtechnik auf trockenes Papier bringen. Beide Möglichkeiten sehen Sie angewandt in diesem Buch. Ein paar Tips dazu: Achten Sie auf die Abstufungen in Helligkeit und Farbe. Im Verlauf der Linien und Formen sollte immer eine gewisse Spannung sein, also nicht zu regelmäßig oder symmetrisch über die ganze Bildbreite ziehen. Farblich müssen diese Elemente natürlich zur Komposition passen, am besten verwendet man Farbtöne, die im übrigen Bild auch vorhanden sind.

Im nächsten Beispiel, wo die Berge eine größere Rolle spielen, sehen Sie, wie diese schichtweise übereinander gemalt wurden, im Hintergrund kleiner, blasser, nach vorne größer und kontrastreicher.

Sobald der Farbauftrag für den Himmel trocken war, begann ich mit dem hellsten Berg im Hintergrund. Jeder weitere Bergzug wurde über den jeweils letzten nach einer Trocknungspause gemalt. Die größte Form im rechten Mittelgrund wurde in einem Zug gemalt und, nachdem sie trocken war, mit einem zweiten Farbauftrag noch etwas detailliert, genauso die anderen Berge. Im letzten Arbeitsgang wurden die Struktur auf dem See sowie die Bäume im Vordergrund ausgeführt. Die kalte Winterstimmung und der eis- beziehungsweise schneebedeckte See wirken durch die überwiegend in Blau gehaltene Farbgebung sowie den starken Kontrast zum Weiß.

Das Motiv aus dem schweizerischen Prättigau soll verdeutlichen, daß das interessante Spiel des Lichtes

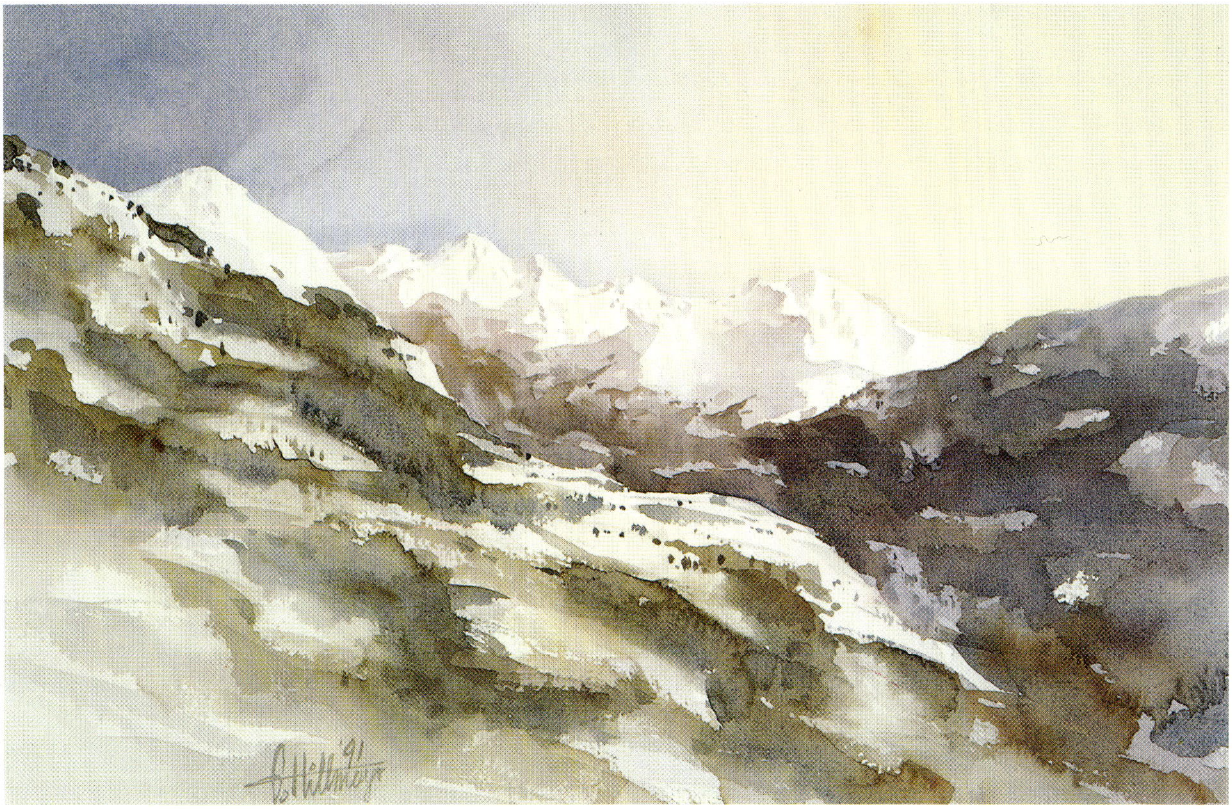

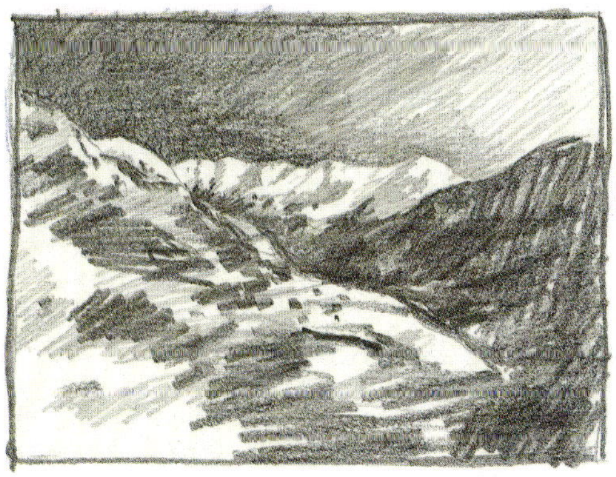

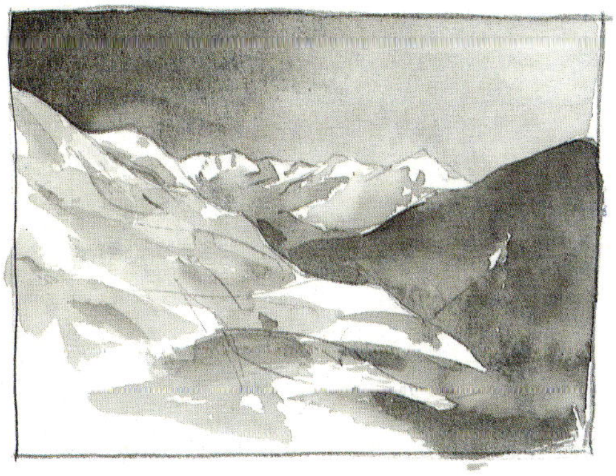

in den Bergen das Thema eines Bildes sein kann. Beachten Sie die für Aquarelle so wichtige Wechselwirkung zwischen Hell und Dunkel, zwischen Licht und Schatten. Das Hauptinteresse gilt dem Schattenspiel auf den weißen Gipfeln im Hintergrund, Vorder- und Mittelgrund wurden bis zur Abstraktion vereinfacht. Durch die übertriebene Dunkelheit in den Schattenformen sowie der Aussparung von Papierweiß wurde die Dramatik erhöht. Nachdem die Idee zu diesem Bild (siehe Bleistiftskizze) klar stand, war die Ausführung in Aquarell relativ einfach. Verwendet habe ich nur vier Farben, Ultramarinblau, Krapplack dunkel, Lichter Ocker und Siena gebrannt. In der Grauskizze sehen Sie, wie der erste Farbauftrag aussah. Oben links mit Ultramarinblau beginnend, wurde der Himmel angelegt, im Verlauf nach rechts fand ein Farbwechsel von Ultramarinblau über Krapplack zu Ocker statt. Mit einer Mischung aus Ultramarinblau und Krapplack in unterschiedlicher Farbe-Wasser-Konzentration habe ich alle Schattenformen gemalt. Weitere Dunkelheiten und Details kamen im zweiten Arbeitsgang, gemischt aus Ultramarinblau, Krapplack und Siena, mit raschen, aber gezielten Pinselstrichen dazu. Ähnliche Motive sind im Gebirge überall zu finden, es macht Spaß, sie zu malen, und es kommt nicht so sehr auf die Genauigkeit der Darstellung an.

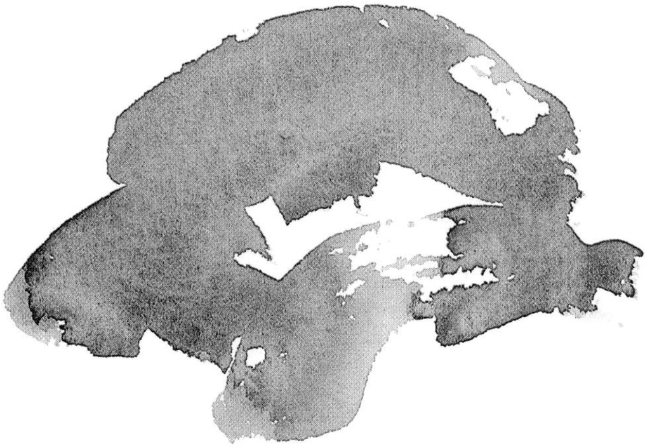

1. Schritt

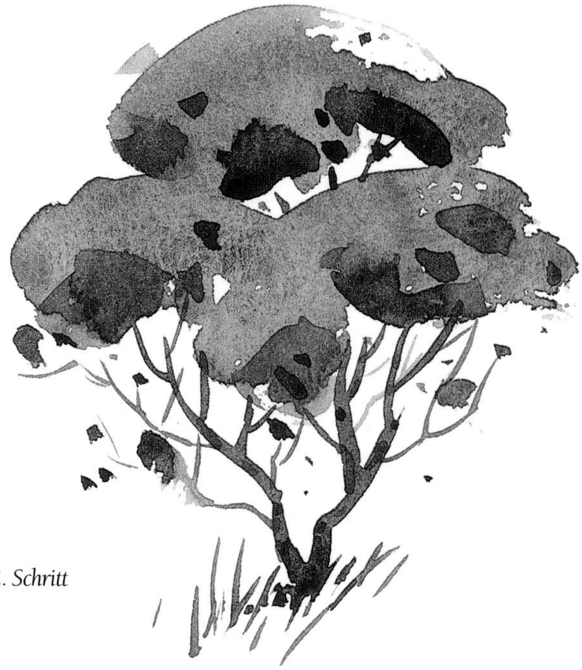

2. Schritt

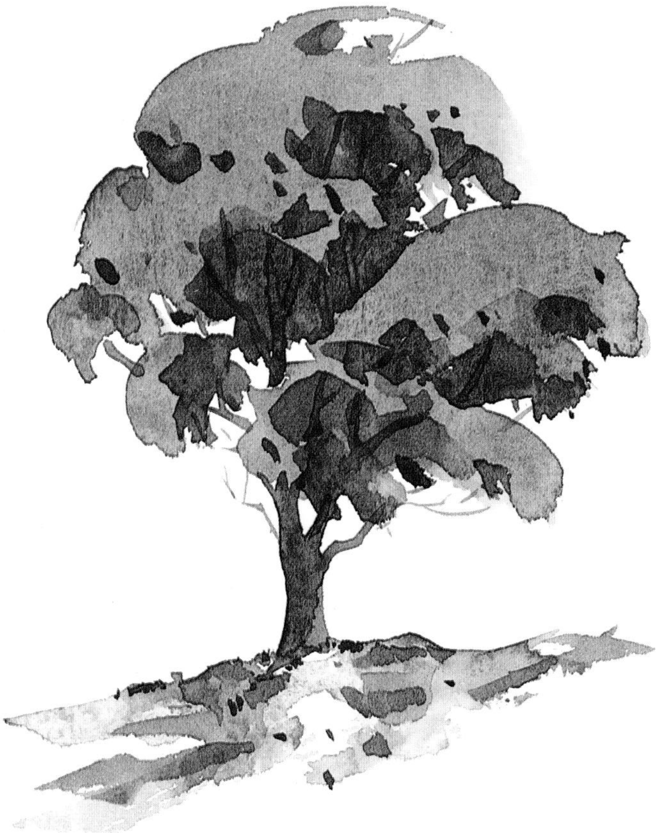

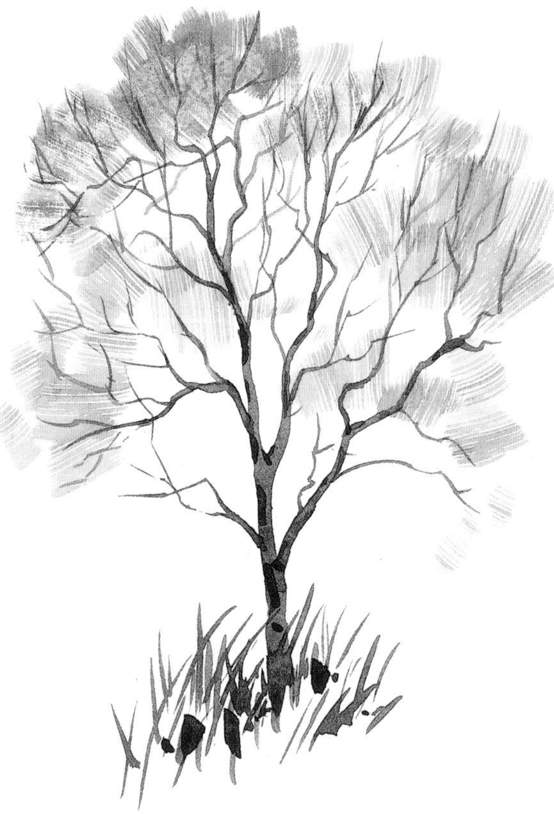

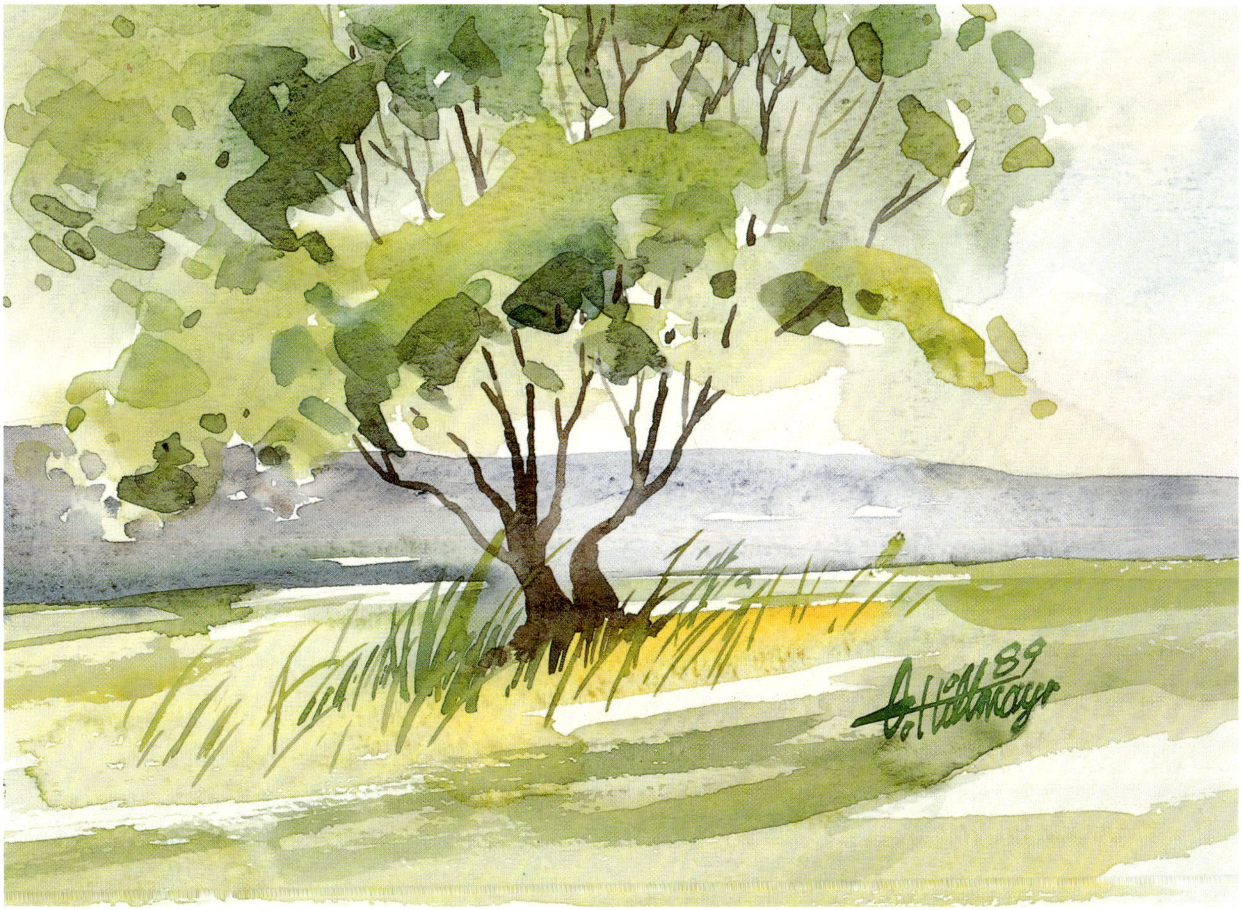

Bild oben: Laubbaum, 24 × 17 cm
Bild unten: Am Waldrand, 17 × 12 cm

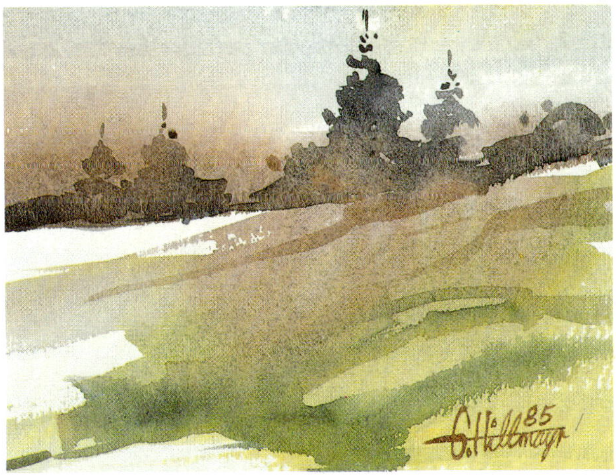

Bäume

Bäume kann man wohl als Grundelement einer Landschaft bezeichnen. Die Vielfalt, der wir allein in unserem Teil der Erde begegnen, die Mannigfaltigkeit der Formen und Farben ist bestaunenswert. Vor allem bei Bäumen wird schon bei den ersten Versuchen deutlich, wie schwierig es ist, komplexe Formen wahrzunehmen, um sie dann in Grundformen zu reduzieren. In Gedanken haben wir ein vorgefertigtes Bild von bekannten Dingen und Formen, doch oft sind wir nicht in der Lage, die feinen Unterschiede, auf die es ankommt, wahrzunehmen. Deshalb müssen Künstler das für sie richtige Sehen erlernen. An Bäumen erkennt man, wie gut ein Landschaftsmaler sein Handwerk beherrscht. Mit scheinbar wenig Aufwand den Charakter eines Baumes zu erfassen, darauf kommt es an. Nun will ich Sie aber nicht entmutigen, ganz im Gegenteil, Bäume malen macht Spaß, man kann seiner Kreativität freien Lauf lassen. Am besten wir fangen wieder mit der Beobachtung an. Das heißt nicht, daß Sie nun botanische Studien machen sollen. Versuchen Sie einfach bei jeder Gelegenheit, die Grundformen von Büschen, Hecken und Bäumen in Gedanken zu erfassen. Es gelingt Ihnen besser, wenn Sie sich den Baum als Schattenbild, mit anderen Worten als flache Form, vorstellen. Ein gemalter Baum wirkt interessant, wenn die Grundform gut gestaltet ist. Malt man jedes einzelne Blatt, langweilt man den Betrachter, sieht eine Baumkrone dagegen wie ein Ball

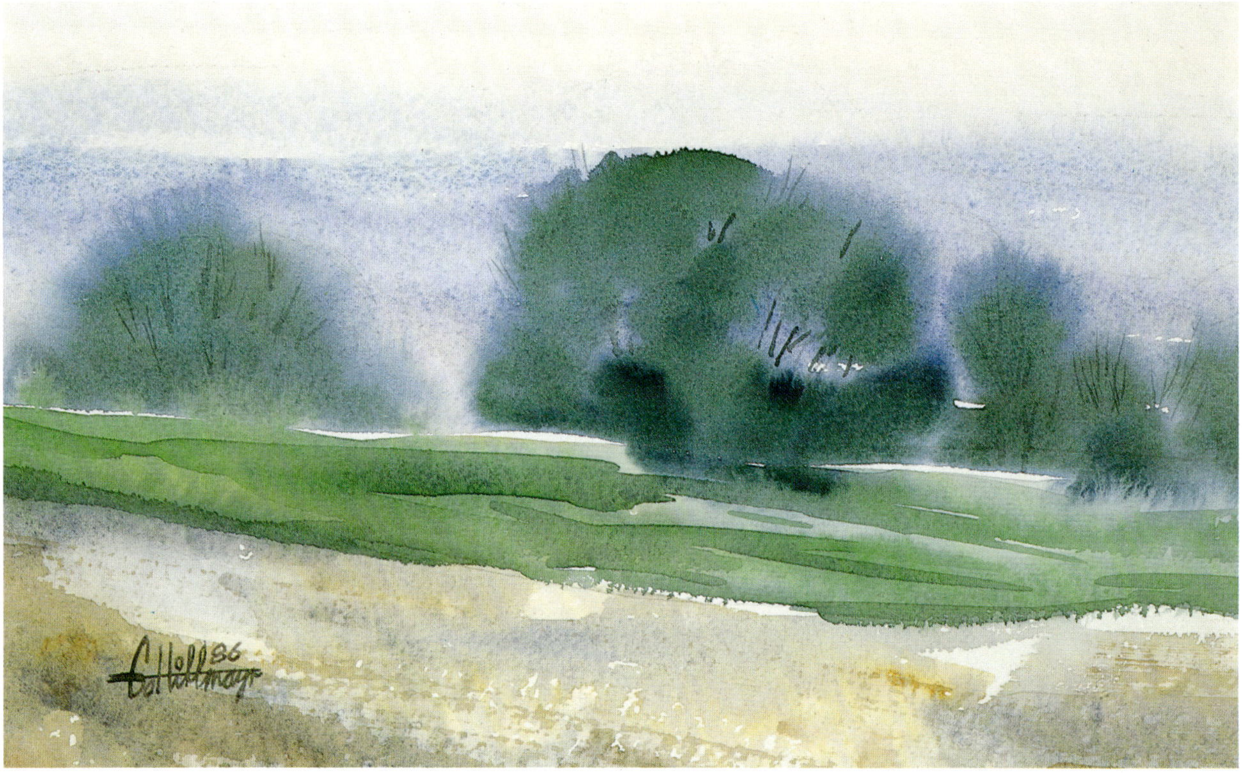

Hecken, 27 × 16 cm

aus, wird man den luftigen Charakter vermissen. Nehmen Sie einen Aquarellblock, einen Pinsel und das für solche Übungszwecke bestens bewährte Elfenbeinschwarz. Setzen Sie sich an einen angenehmen Ort in der Natur, natürlich mit Sicht auf Bäume, oder nehmen Sie ein Bestimmungsbuch und üben Sie Baumformen. Zuerst achten Sie, wie erwähnt, auf die Grundform. Dann versuchen Sie, eine plastische Wirkung zu erzielen, indem Sie Hell-Dunkel-Unterschiede beziehungsweise Licht und Schatten berücksichtigen.

Die Gesamtformen von Laubbäumen und Büschen setzen sich meistens aus mehreren Unterformen zusammen. Diese sind mal leichter, mal schwieriger zu erkennen. Im Zweifelsfalle drücken Sie die Augen so weit zu, daß Sie nur noch ein verschwommenes Bild sehen. Die einzelnen Blätter und die vielen verwirrenden kleinen, dunklen und hellen Stellen fügen sich zu einfachen, leichter erfaßbaren Formen zusammen.

Als Anregung, wie man Bäume darstellen kann, zeige ich Ihnen einige Beispiele. Versuchen Sie, den für bestimmte Arten typischen Charakter zu erfassen. Hier noch ein paar Tips: Stellen Sie sich die Baumkrone als Schirm oder mehrere kleine Schirme vor, oben hell, unten oder innen dunkel. Achten Sie auf einen schönen Abschluß des Stammes an der Stelle, wo er aus dem Boden kommt, es sollte nicht so aussehen, als ob er abgeschnitten wäre. Stämme, Äste und Zweige müssen nach oben und außen dünner werden, malen beziehungsweise zeichnen Sie diese in der Richtung, in der sie wachsen. Baumkronen sowie Äste und Zweige sollten, wie eigentlich alles in der Aquarellmalerei, mit wenig Strichen gemalt werden. Beachten Sie in der Demonstration, wie luftig das Ganze wirkt, wenn wenig dunkle Stellen richtig eingesetzt werden.

Sehr wichtig sind die Durchsichten, die „Löcher" in den Kronen, beobachten Sie dies in der Natur. In Baumgruppen sollten die einzelnen Bäume nicht zu sehr voneinander getrennt und die Stämme und Kronen nicht zu regelmäßig sein. Farbvorschläge zu diesem Thema gebe ich absichtlich keine, da es sinnlos ist, sich auf die Farbe eines Baumes zu konzentrieren, ohne dabei das gesamte Bild im Auge zu behalten. Orientieren Sie sich an den Mischvorschlägen zum Thema Farbe und an den verschiedenen Darstellungen von Bäumen und Büschen in diesem Buch. Sie werden feststellen, daß man von Gelb, Grün über Blau, sogar Rot, also die unterschiedlichsten Töne dafür verwenden kann. Maßgebend ist die Stimmung und Farbzusammenstellung eines Bildes.

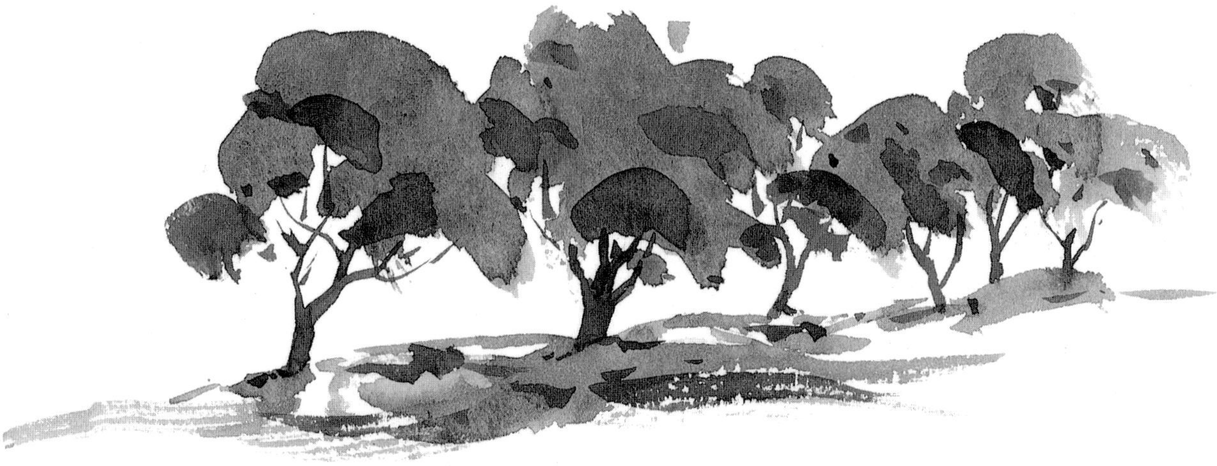

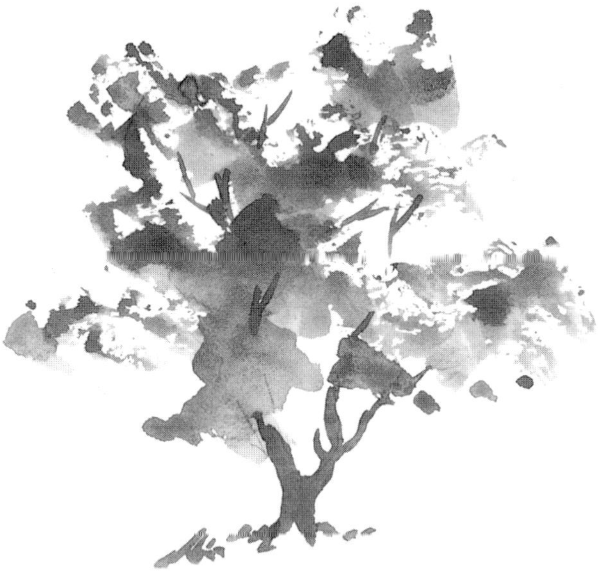

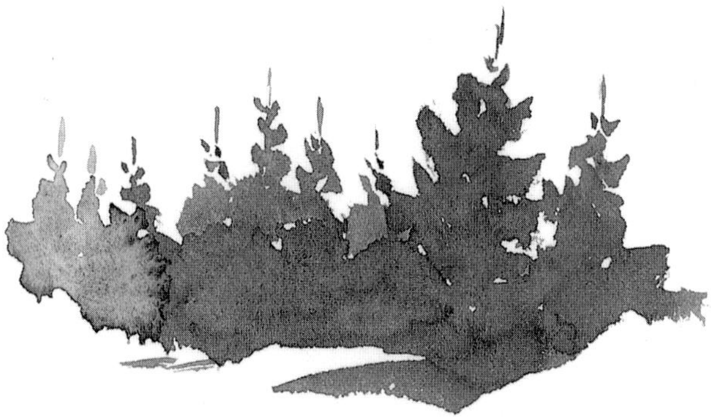

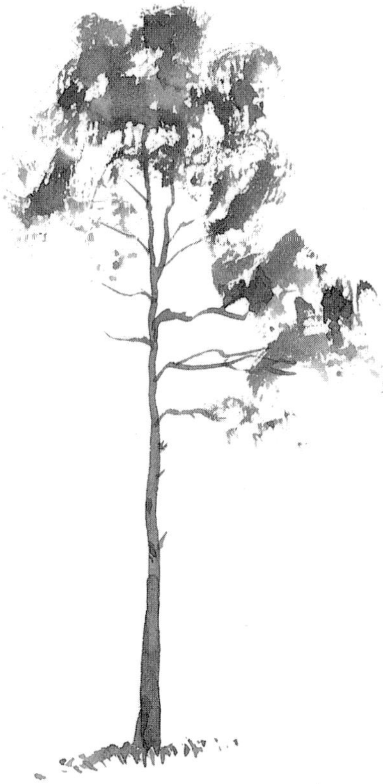

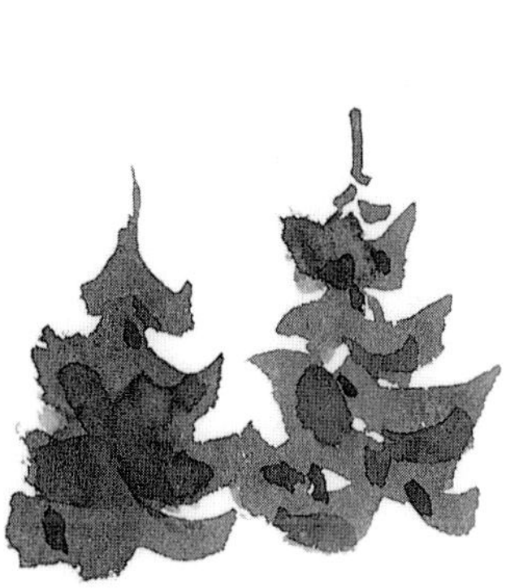

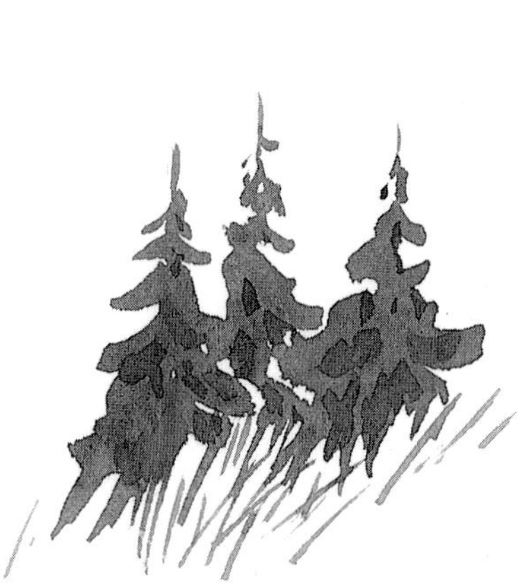

Wasser, Schnee, Nebel

In diesem Kapitel wollen wir uns mit dem „nassen Element" beschäftigen. Wasser in verschiedenen Formen: Pfützen, Bäche, Seen, Schnee und Nebel.

Wasser

Wasser ist sehr schwer erfaßbar, es hat weder Form noch Farbe, aber es kann viele Formen und Farben der Umgebung annehmen. Beim Darstellen von Gewässern gilt unsere Aufmerksamkeit in erster Linie der spiegelnden Oberfläche. Sie reflektiert Farben und Gegenstände der Umgebung ganz oder bruchstückhaft, je nach Bewegung des Wassers. Himmel und Wolken beeinflussen die Farbe des Wassers wohl am meisten.

Entscheidend für eine überzeugende Darstellung von Gewässern ist der Uferbereich, der Rand des Wassers sowie Dinge in der Nähe des Ufers und wie sie sich im Wasser spiegeln.

Betrachten wir das Motiv mit der Pfütze. Die Illusion von Wasser wurde fast ausschließlich durch die harte Abgrenzung des Randes und die wenigen Spiegelungen geschaffen. Die Farbzusammenstellung sowie der starke Hell-Dunkel-Kontrast sind typisch für eine Regenstimmung, sie geben den Eindruck, als sei die ganze Landschaft naß. Entscheidend ist also nicht das Wasser, sondern seine direkte Umgebung. Konzentrieren Sie sich nicht auf das Wasser selbst, sondern auf Dinge daneben und ihre Reflektionen.

Das Problem bei solchen Situationen in der Aquarellmalerei ist unser logischer Verstand. Für die Darstellung von Wasser halten wir es für notwendig, dieses direkt zu malen. Da wir aber, durch die Technik bedingt, weiße beziehungsweise helle Stellen aussparen müssen, widmen wir uns der Umgebung, und das Wasser entsteht fast von selbst. Was die Spiegelungen betrifft, empfehle ich Ihnen wieder die Natur als Lehrmeister. Setzen Sie sich ans Wasser und beobachten Sie, wie sich verschiedene Dinge im Wasser spiegeln. Für eine überzeugende Darstellung ist es unumgänglich, bestimmte Gesetze zu beachten: Ragt ein Pfahl senkrecht aus dem Wasser, wird seine Spiegelung logischerweise auch vertikal sein, neigt er sich dagegen zur Seite, wird dieser Winkel auch spiegelbildlich zur selben Seite reflektiert. Je weiter ein Gegenstand vom Ufer entfernt ist, desto kleiner ist seine Reflexion. Dinge, die eigentlich selbstverständlich zu sein scheinen, aber aus Erfahrung weiß ich, daß sie oft Schwierigkeiten bereiten. Genaues Beobachten hilft Ihnen weiter.

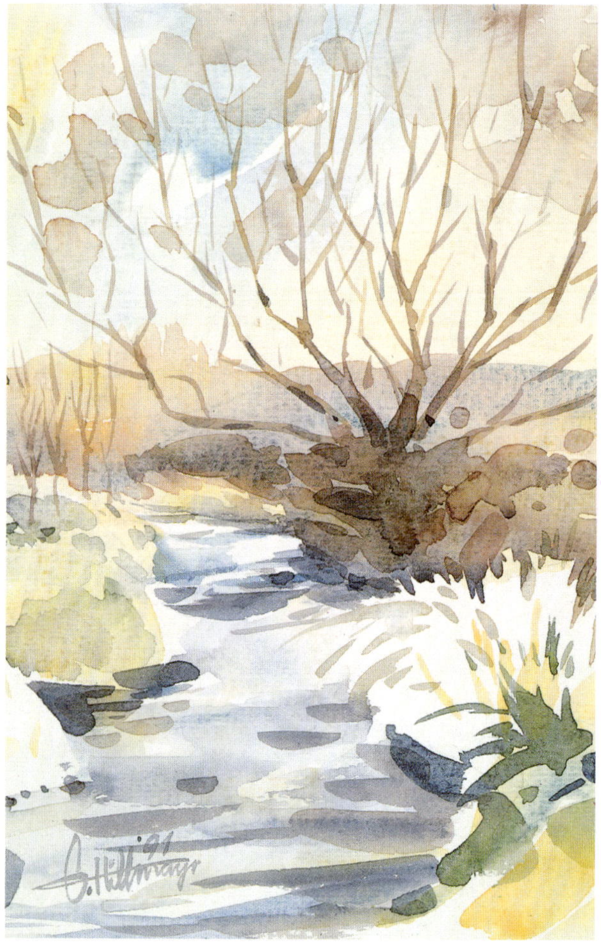

Frühjahrsstimmung am Bach, 16 × 23 cm

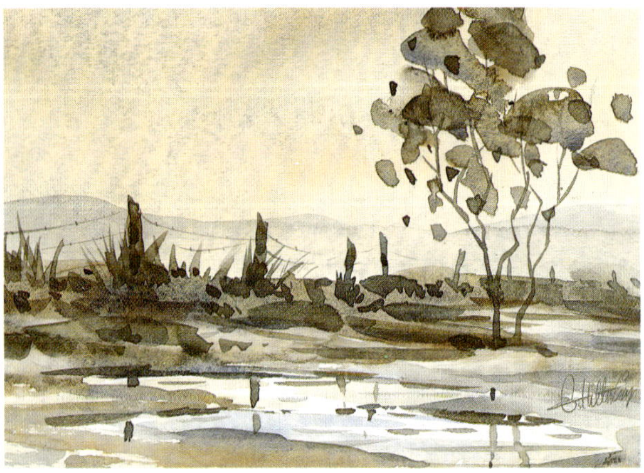

Nach dem Regen, 24 × 16 cm

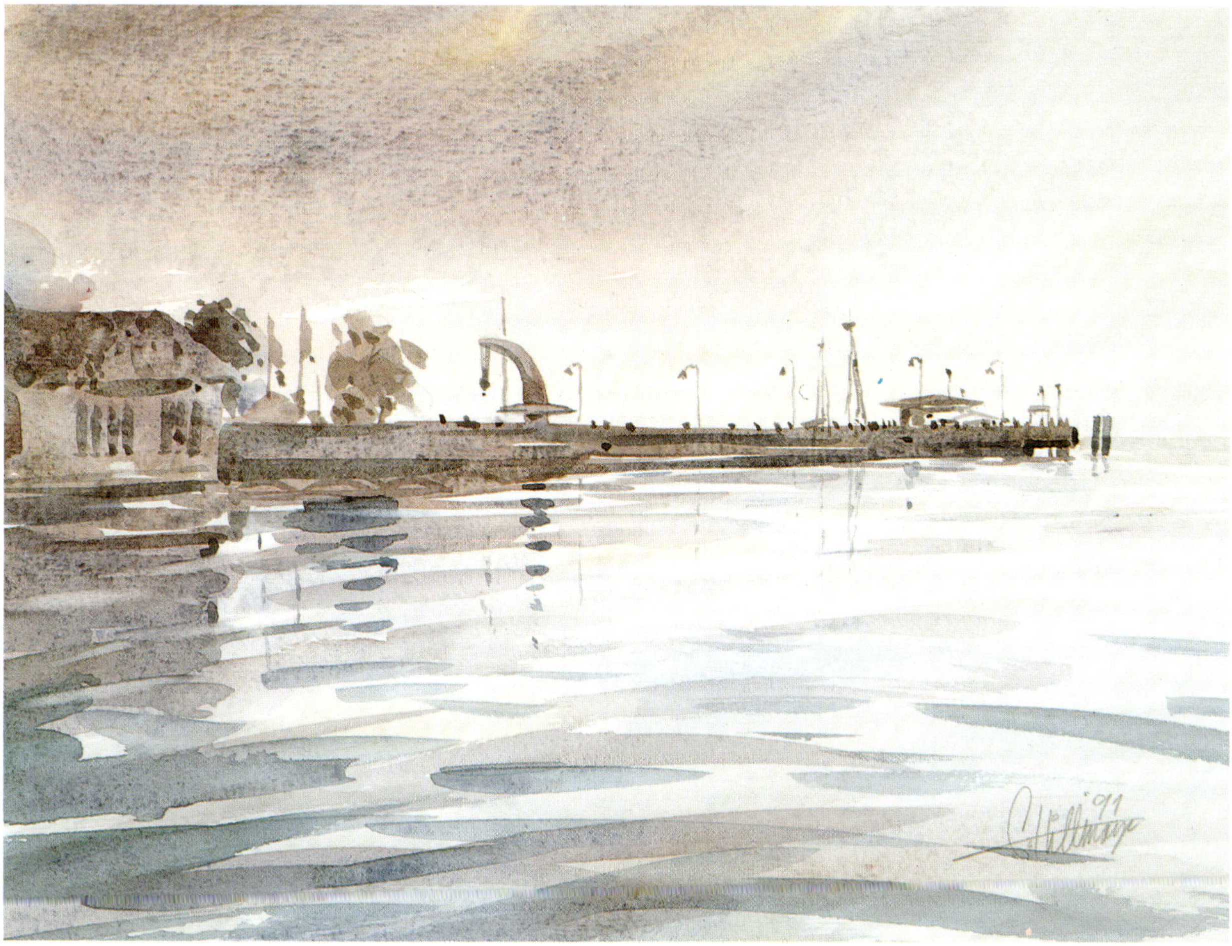

Hafenmole / Langenargen, 30 × 22 cm

Das nächste Problem ist die Bewegung. Wasser und folglich auch Spiegelung bewegen sich dauernd und sind deshalb schwierig zu erfassen. Gehen Sie wieder so vor, wie im Thema Bäume erwähnt. Drücken Sie die Augen so weit zu, daß alles Überflüssige ver schwimmt und Sie die wichtigsten und konstanten Farben, Formen und Muster in der Wellenbildung und Reflexion erkennen.

Das Bild mit der Hafenmole am Bodensee habe ich in einer lockeren, spontanen Manier gemalt, um die wechselhafte Stimmung und die Bewegung des Wassers genau einzufangen. Auch wenn ich Kompromisse in der Darstellung vieler Dinge zugunsten der Spontanität gemacht habe, so beruht die Wirkung des Wassers doch auf sehr konzentrierter Beobachtung.

Betrachten Sie den Hell-Dunkel-Kontrast, der in diesem Bild, wie auch in der Studie mit dem Bach auf der linken Seite, eine wichtige Grundlage ist. Bei fließenden Gewässern ist die Vereinfachung und Hervorhebung dieser Helligkeitsunterschiede von Bedeutung. Achten Sie auf die scharfe Abgrenzung des Uferbereiches an manchen Stellen und den Schatten unter dem Baum und dem Gras. Weiter wäre noch die perspektivische Wirkung zu erwähnen. Sie beruht auf den starken Kontrasten und deutlichen Pinselstrichen im Vordergrund gegen schwache im Hintergrund. Denken Sie daran, um die vielen einzelnen Wellen und Spiegelungen eines Baches als einfache Formen oder Flächen zu erkennen: Schließen Sie die Augen so weit, daß alles Unwichtige verschwimmt.

Auf der nächsten Seite sehen Sie, wie Sie beim Malen vorgehen müssen.

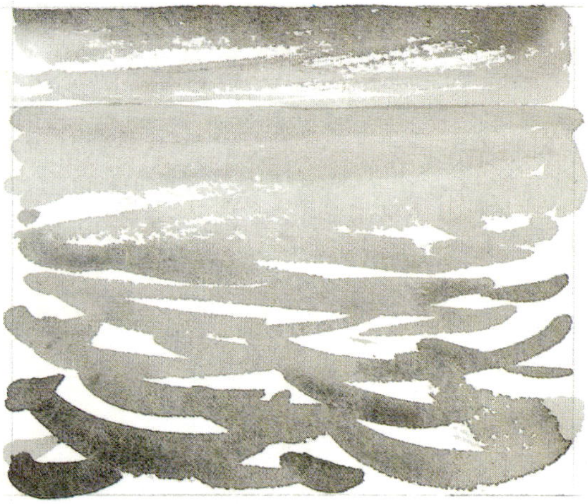

1. Schritt

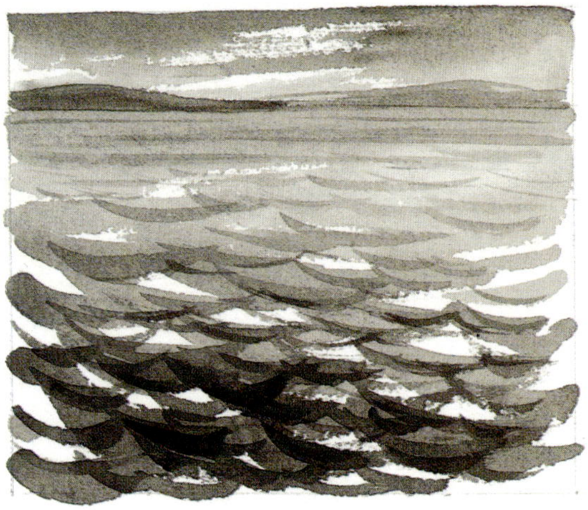

2. Schritt

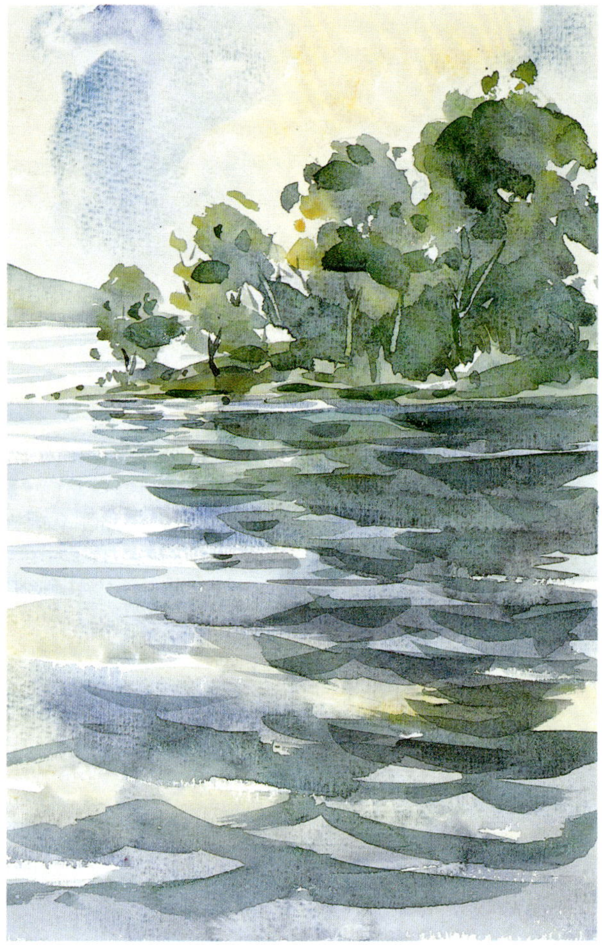

Spiegelungen, 24 × 32 cm

Die kleinen Grauskizzen zeigen Ihnen in zwei Arbeitsgängen eine typische Darstellung von Wasser. Achten Sie auf die Tiefenwirkung, die durch die detaillierten Wellen im Vordergrund sowie starke Hell-Dunkel-Kontraste beziehungsweise Aussparung von Weiß zustande kommt.

Was die Farbmischung betrifft, so gilt wieder der Grundsatz, Komposition ist alles. Wichtig ist, daß die Farben zum Bild passen und daß sie die Stimmung wiedergeben. Eine gute Angewohnheit ist es, wenn man gleich beim Malen des Himmels oder der Wolken mit denselben Farben den Grundton des Wassers legt und im Bereich der Reflexion ein bißchen vom Ton der gespiegelten Gegenstände mit einmischt.

Im zweiten Farbauftrag malt man dann mit einem dunkleren Farbton die Spiegelung. Dafür verwendet man die Farben der zu reflektierenden Dinge und den Ton des Himmels etwas konzentrierter. Sehr wichtig ist, die kleinen weißen Stellen für die typischen Lichtspiegelungen auf den Wellen zu erhalten. Wer sich gerne am Wasser aufhält und gut beobachtet, wird auch viel Spaß beim Malen dieses Elementes haben.

Schnee

Sie wissen, Schnee ist weiß – aber stimmt das wirklich? Wenn das zuträfe, bräuchten wir Ihn erst gar nicht malen und hätten in jedem leeren Blatt eine Schneelandschaft. Woran liegt das also?

Beim zweiten Blick stellen wir fest, in der Schneelandschaft sind allerlei Farben zu erkennen. Im reinen Schneeweiß ist auch die feinste Farbeinwirkung sichtbar. Wie beim Wasser werden auch hier die Farben des Himmels reflektiert, an einem klaren Wintertag ist der Schnee hauptsächlich blau. Harmonie in der farblichen Gestaltung erhalten wir also wieder durch die Verwendung der im Bild dominierenden Töne. An einem grauen Wintertag wird man auch den Schnee

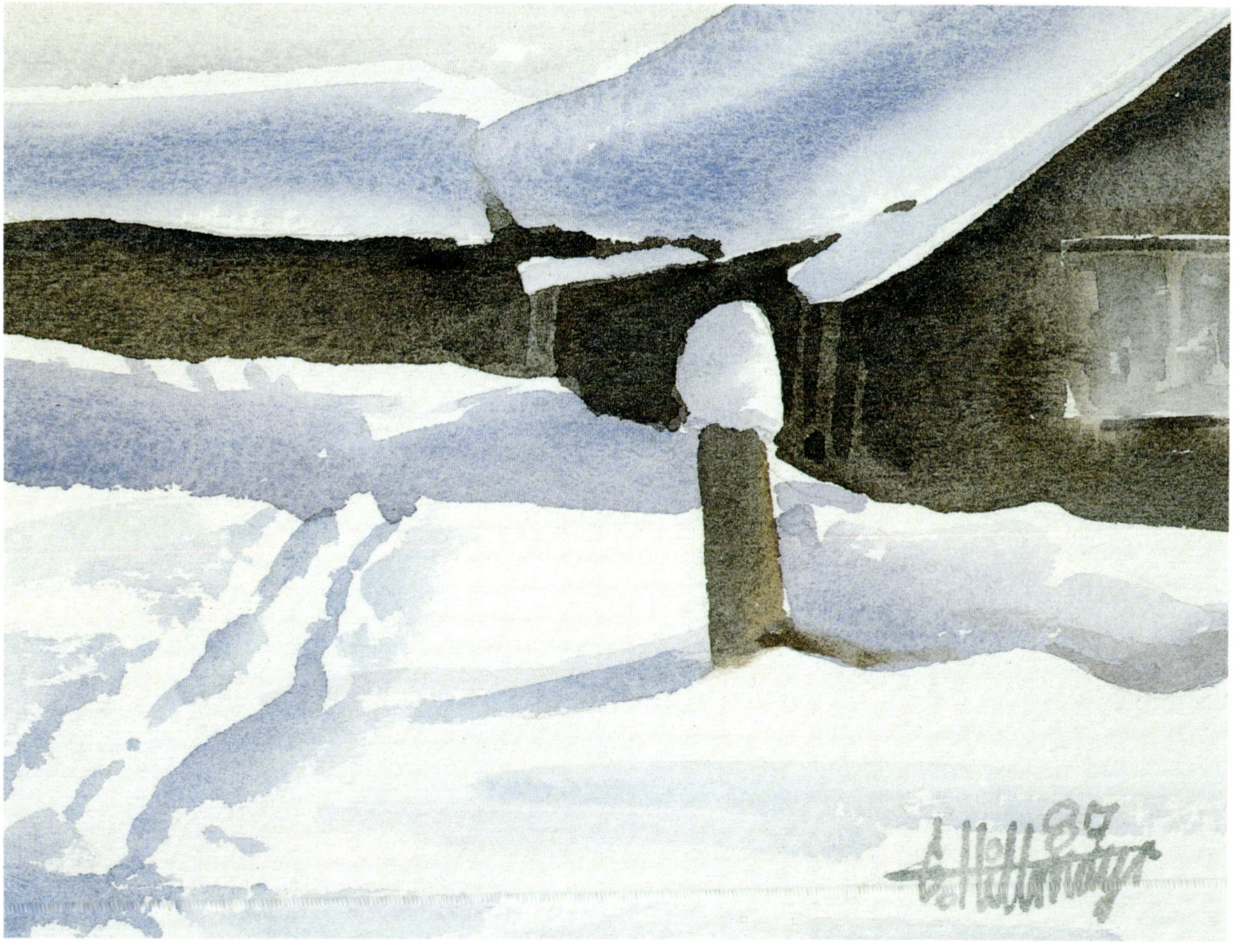

Spuren im Schnee, 18 × 13 cm

vorwiegend in Grautönen darstellen. Betrachten Sie dazu das Schneemotiv im Thema „Aussparung von Weiß" auf Seite 52.
Da der Untergrund, auf dem der Schnee liegt, fast immer Unebenheiten aufweist, entstehen Licht und Schattenwirkungen, die wir beim Malen unbedingt berücksichtigen müssen, um eine räumliche Wirkung zu schaffen. Schatten entsteht auf Flächen, die vom Licht abgewandt sind, zum Beispiel auf Abhängen, Hausdächern, Schneeanwehungen usw., sowie durch Schattenwurf (auch Schlagschatten genannt), von Gegenständen verursacht wie Gebäude, Bäume, Pfähle usw., die das Sonnenlicht von den betroffenen Flächen abhalten. Sehen Sie in dem zu diesem Thema gezeigten Motiv, wie fast ausschließlich durch die Darstellung von Schatten die Illusion von Schnee geschaffen wurde.

Vergleichen Sie die weichen Schattenränder auf dem Dach mit den harten Konturen im Schlagschatten auf dem Boden. Die helle Wirkung des Sonnenlichts auf Schnee wird angedeutet, indem ein sehr starker Kontrast mit den dunklen Wänden geschaffen wurde. Dadurch, daß fast keine Details in den Hauswänden sichtbar sind, hat man das Gefühl, von der Sonne geblendet zu sein.

Bedingt durch äußere Einflüsse ist es schwierig, im Winter vor Ort zu arbeiten, aber Sie sollten sich die Chance nicht entgehenlassen, Wintermotive zu malen. Schnee vereinfacht die Landschaft, weil fast alles gleichmäßig überdeckt ist. Es entstehen sehr interessante, fast abstrakte Formen. Farbzusammenstellungen sind unproblematisch. Man kann, unter Berücksichtigung von Hell-Dunkel-Werten, mit wenigen Tönen arbeiten. Bei Ihrem nächsten Winterspaziergang nehmen Sie Bleistift und Skizzenblock mit und halten Ausschau nach interessanten Hell-Dunkel-Kontrasten beziehungsweise Licht-Schatten-Wirkungen. In ein paar raschen Skizzen nehmen Sie die nötigen Informationen mit nach Hause, um in der warmen Stube die Illusion von klirrender Kälte zu schaffen.

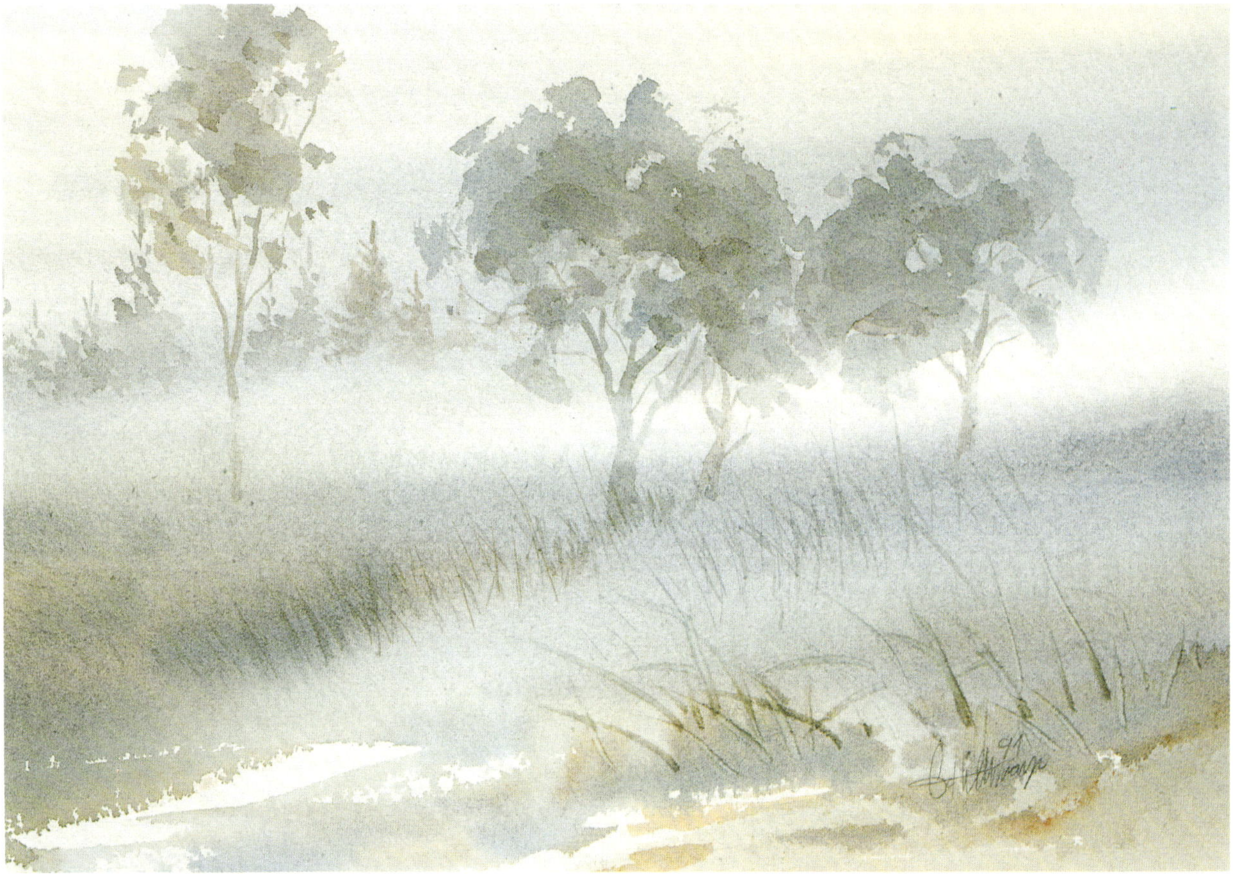

Nebelschwaden, 27 × 19 cm

Nebel

Faszinierende Motive für Aquarellmaler sind ohne Zweifel Nebelstimmungen. Ähnlich wie Wasser und Schnee wird das, was man eigentlich darstellen will, nämlich Nebel, nicht direkt durch Malen sichtbar gemacht. Mit der Andeutung der durch den Nebelschleier mehr oder weniger deutlich erkennbaren Dinge schaffen wir die Illusion. Wollten wir nur den Nebel darstellen, würde es genügen, das ganze Blatt mit einem Grauton zu übermalen. Die wunderbaren lichtdurchfluteten Töne, die durch das diffuse Licht entstehen, sind also die farbliche Grundlage von Nebelstimmungen.

Nebel wirkt wie ein grauer Filter und verändert die Eigenfarbe aller dadurch betrachteten Dinge. Er vereinfacht Motive, indem Details oder ganze Stellen der Landschaft nicht mehr wahrnehmbar sind. Besondere Aufmerksamkeit sollte dem Vordergrund gelten. Hier finden wir logischerweise die stärksten Hell-Dunkel-Unterschiede und die deutlichsten Farbtöne und Details. Nebelmotive sind im Grunde einfach zu malen, es sind auch keine Schritt-um-Schritt-Illustrationen nötig, Sie brauchen nur Ihrer Phantasie freien Lauf zu lassen. Anhand des hier gezeigten Beispiels will ich den für dieses Thema typischen Arbeitsvorgang beschreiben: Um unnötige Frustration zu vermeiden, sollte Ihr Blatt wieder ein Mindestgewicht von 300 g/qm haben oder gut aufgespannt sein. Sie können auf trockenem oder feuchtem Papier arbeiten. Um gezielt Weißstellen auszusparen, habe ich bei diesem Motiv den ersten Farbauftrag auf trockenem Papier gemacht. Mit einem großen Pinsel und sehr flüssiger Farbmischung habe ich links oben auf dem Blatt begonnen. Von Cölinblau mit viel Wasser wurde der Übergang zu Lichter Ocker geschaffen. Der Gelbton bringt Licht ins Motiv. Diese beiden Farben wurden als Grundierung über das ganze Blatt, ausschließlich der weißen Stellen, verwaschen. In den gleichmäßig feuchten Farbauftrag wurden jetzt rasch dunkle Streifen mit unterschiedlichen Mischungen aus Paynesgrau, Ultramarinblau sowie Siena gebrannt gemalt. Beachten Sie bitte die unterschiedlich warmen und kalten Grautöne.

Um die helle Nebelschwade zu verstärken, habe ich einen gut ausgedrückten Schwamm mehrmals

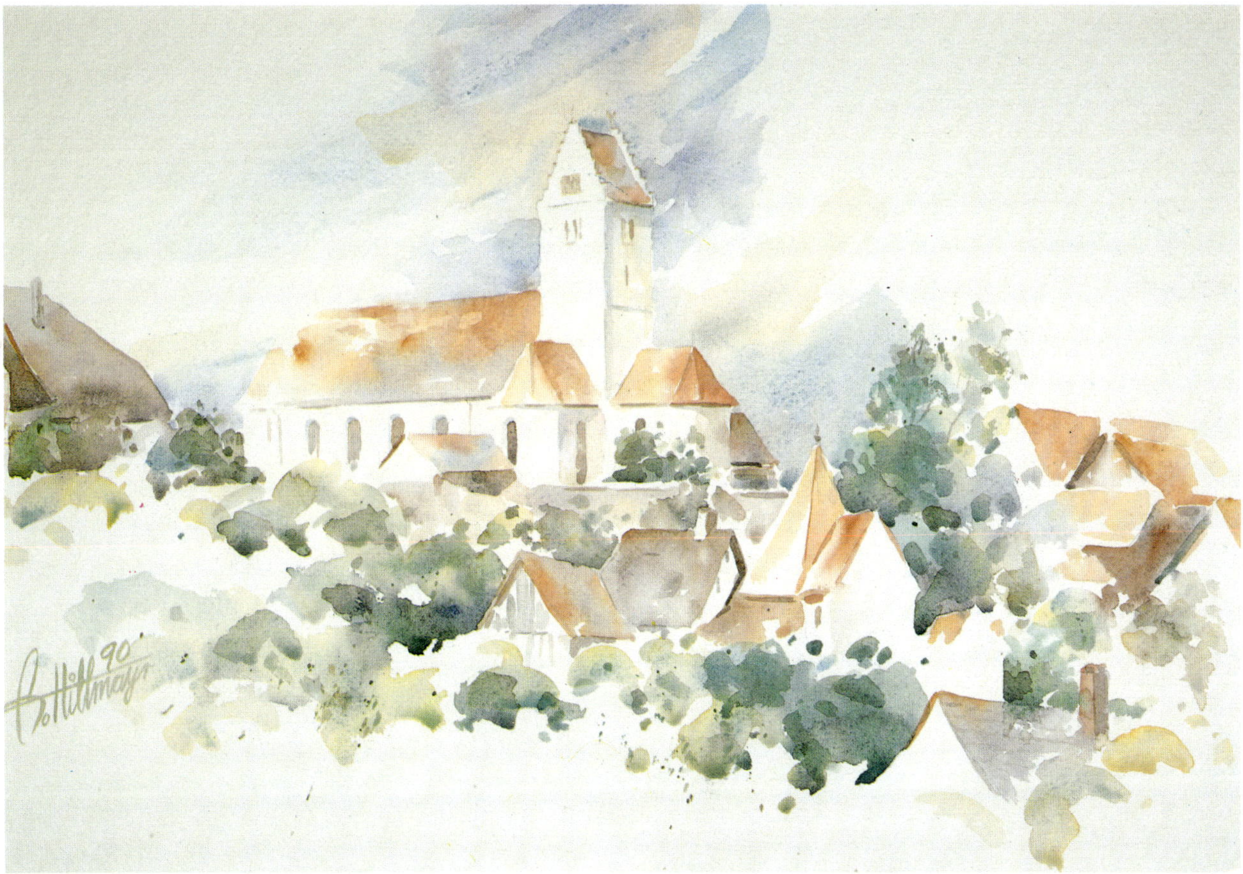

Wolpertswende, 54 × 35 cm

durch den feuchten Farbauftrag gezogen und dadurch die immer wieder in diesen Bereich fließende Farbe ausgewaschen. Dieser Arbeitsgang sollte bis zu einem bestimmten Trockenstadium abgeschlossen sein, da sonst harte Ränder entstehen. Während der Trocknungsphase wurden einige Dunkelheiten verstärkt, und mit einem kantigen Gegenstand (abgeschrägter Pinselstiel, Fingernagel oder ähnliches) wurden die Gräser im Vordergrund gekratzt. Bäume und weitere Gräser malte ich zum Abschluß auf das wieder ganz trockene Papier. Im Bereich des Nebelstreifens tupft man die verschleierten Stämme und Bäume mit Küchenkrepp sofort wieder ab, oder man läßt sie ganz weg.

Nebel ist dauernd in Bewegung, Gegenstände erscheinen so schnell, wie sie wieder verschwinden. Halten Sie Ausschau nach interessanten Situationen wie Nebelbänke, teilweise verhüllte Objekte, Formen und Hell-Dunkel-Unterschiede. In Ihrem Block skizzieren Sie diese Anregungen, um dann anschließend in Ruhe Bilder daraus zu machen.

Gebäude in der Landschaft

In unserer Umgebung sind kaum noch größere Landstriche ohne Spuren von menschlicher Besiedlung zu finden. Ein guter Grund also, sich mit diesem Thema zu befassen. Schließlich ist es nicht allein Natur pur, es sind auch die darin über Generationen gewachsenen und von Menschenhand geschaffenen Ansiedlungen, die wir als Landschaftsmotive schätzen. Viele Gegenden sind geprägt von markanten Gebäuden und werden aus diesem Grunde in Gemälden und Fotos festgehalten. Oft sind es allerdings nicht die bekannten, auf den ersten Blick erkennbaren Motive, sondern die abseits im verborgenen schlummernden, die einen besonderen Charme ausstrahlen. Motive, die wir als malerisch schön empfinden, sind im seltensten Fall neue Siedlungen oder Hochhäuser. Vom Menschen Geschaffenes fügt sich erst nach einiger Zeit in seine Umgebung ein und wird erst dadurch für uns interessant. Wenn wir nun Gebäude in unsere Landschaftsbilder aufnehmen, ist es von Vorteil, wenn diese schon in der Natur mit ihrer Umgebung harmonieren. Als erstes sollten wir uns darüber im

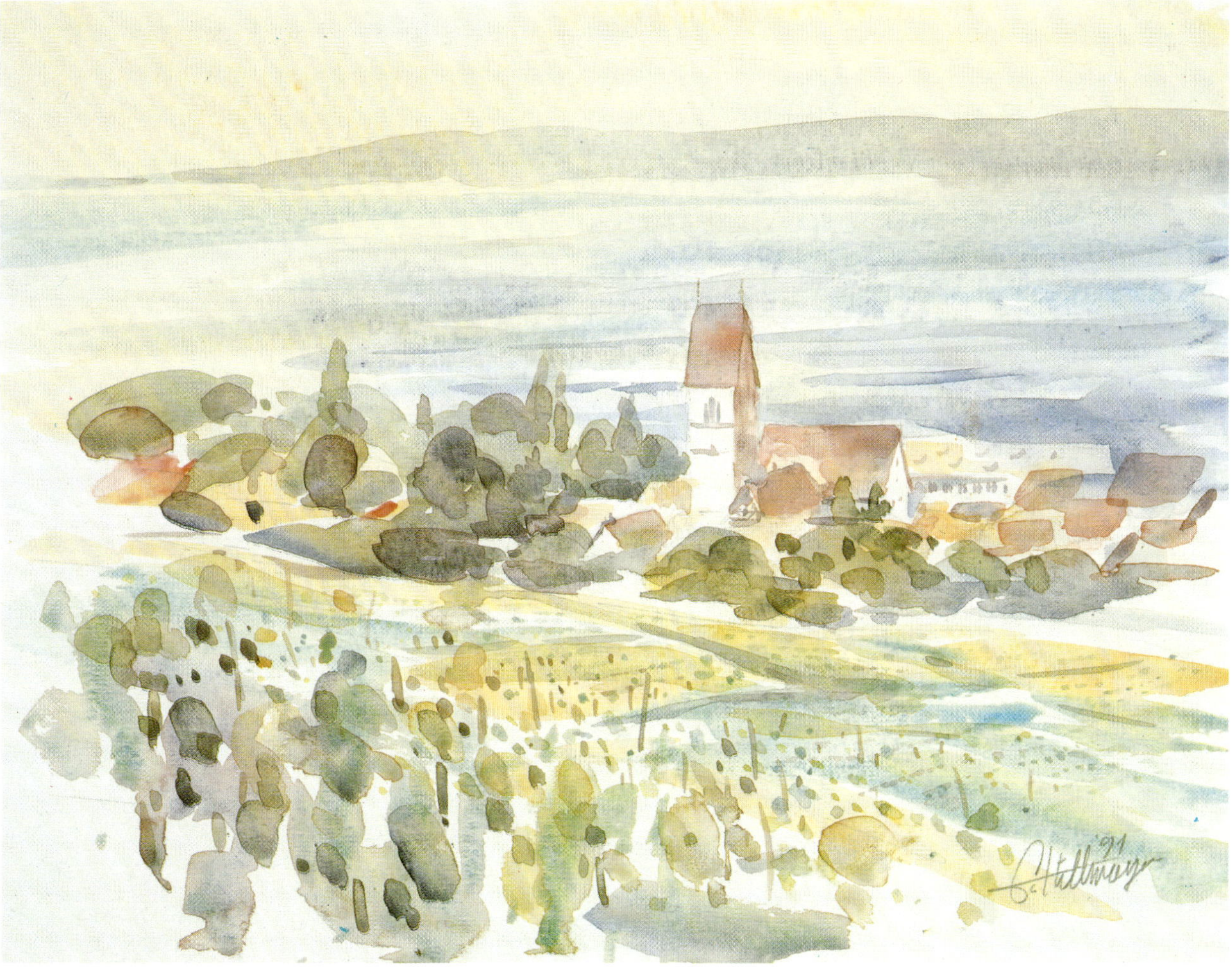

Morgenstimmung bei Hagnau, 32 × 24 cm

klaren sein, ob wir eine Landschaft mit Haus oder ein Haus als Hauptmotiv darstellen wollen. Von dieser Überlegung hängt es nun ab, ob das Gebäude groß im Vordergrund oder kleiner und in den Mittel- bis Hintergrund zurückgedrängt ist. Vergleichen Sie die beiden Bilder mit den Kirchen. Während das eine fast als „Porträt" dieser Kirche bezeichnet werden könnte, ist das andere mit der Morgenstimmung am Bodensee doch mehr ein Aquarell einer bestimmten Landschaft, die eben durch diese Kirche geprägt ist. In beiden Motiven sind die Kirchen zwar die wichtigsten Elemente, aber dennoch eingebettet in ihre Umgebung und in die Komposition. Das erste hängt natürlich vom Motiv selbst ab, das letztere ist kein Zufallsergebnis. Wenn wir bedenken, daß künstlich geschaffene Objekte durch ihre auffälligen Formen in der Natur schon fast als Fremdkörper wirken, so ist deren Integration in ein Landschaftsbild nicht ganz einfach.

Zunächst gilt die Überlegung der Plazierung und Größe des wichtigsten Gebäudes. Danach müssen die starken, weißen Flächen der Fassaden in die Komposition eingefügt werden. Für diese Planungsarbeit empfehle ich wieder die Grauskizzen. Sehen Sie, wie die weiße Fläche der vom Licht bestrahlten großen Dorfkirche im Bild nicht isoliert ist. Sie hat Öffnungen und Verbindungen zu anderen, geplanten weißen Stellen. Man kann sagen, sie hat „Luft zum Atmen". Achten Sie also darauf, daß Sie solche dominierenden Formen nicht durch harte Ränder ringsum einrahmen. Berücksichtigt werden muß auch die Harmonie der Farben, setzen Sie kein rotes Dach isoliert ins Bild. Den Rot-Ton kann man zum Beispiel mit etwas Blau oder Orange beleben und so der Umgebung anpassen.

Eine weitere Möglichkeit zur Integration eines Gebäudes in ein Landschaftsbild ist die Art oder der Stil der Ausarbeitung. Hauptsächlich an der Kirche am Bodensee sehen Sie, daß sie nicht genauer oder deutlicher ausgearbeitet ist als der Rest des Bildes, sie

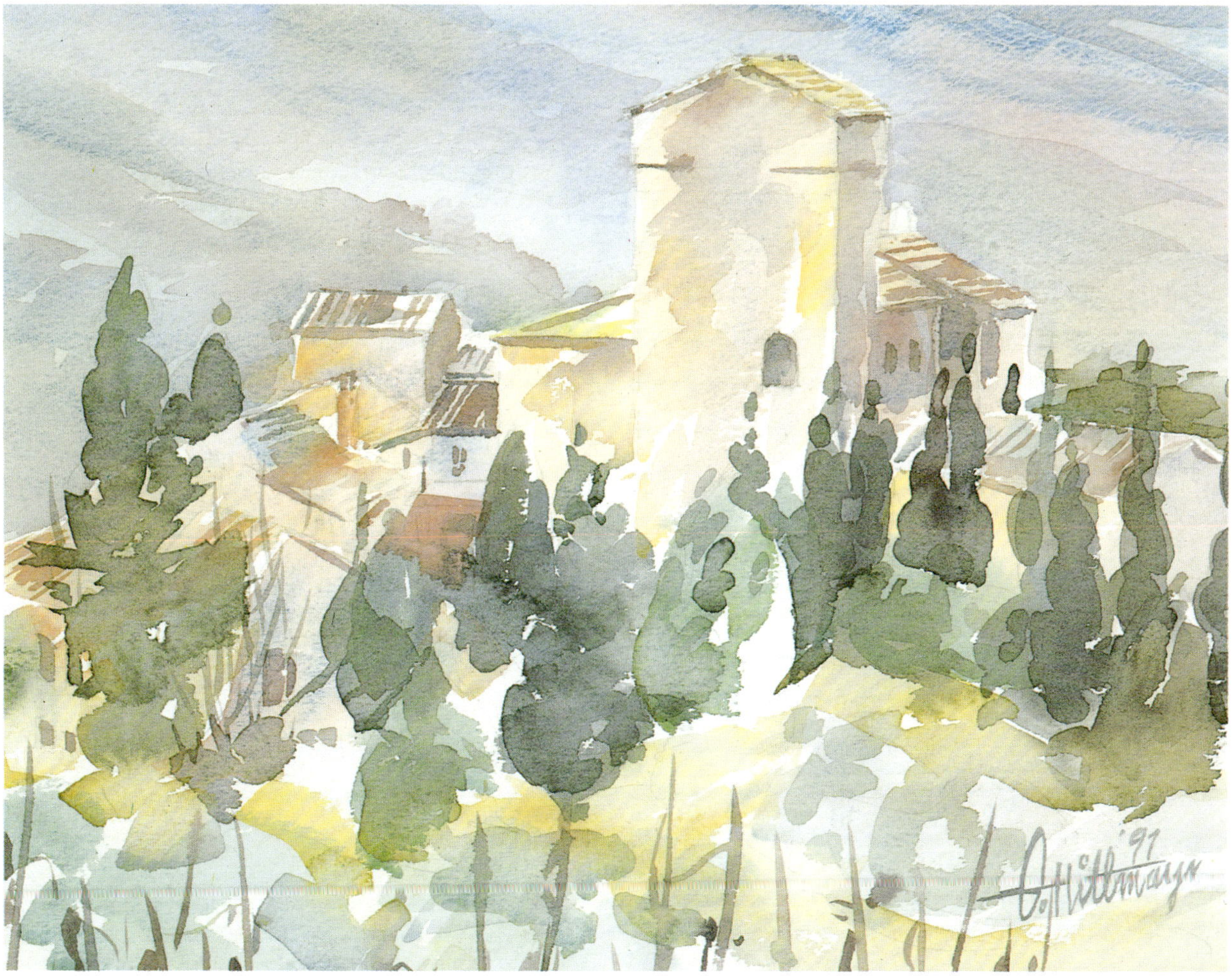

Ca'di Pesa, 31 × 24 cm

erhält dieselbe Aufmerksamkeit. Die Kirche ist zwar ein wichtiges Element in diesem Motiv, aber das Thema ist die Stimmung bei Hagnau. Beachten Sie auch die Häuser am rechten Bildrand. Sie sind nur durch ihre Dächer mit jeweils einem Pinselstrich angedeutet.

Da wir uns über die genaue Darstellung beziehungsweise Andeutung von Gebäuden und Details Gedanken machen, will ich Sie noch auf einige Dinge im nächsten Bild aufmerksam machen. Das Castello in der Toskana habe ich bei Regen vom Auto aus gemalt. Die Witterung ist also der eine Grund, warum dieses Gebäude keine weiße Fassade hat, der andere ist das verwitterte, alte Gemäuer. Solche Bauwerke sind über Jahrhunderte mit der Natur verwachsen und daher zum Malen besonders attraktiv. Interessant sind auch die Verschachtelung und die unterschiedlichen Dächer. Beachten Sie, wie sie nur angedeutet und nicht durch exakte Abgrenzungen voneinander getrennt wurden. Es ist von Vorteil, wenn man in diesem Zusammenhang Einzelheiten wie Dachkanten, Ziegel, Fenster, Kamine, Steine usw. nicht genau ausarbeitet. Ziehen Sie keine Striche mit dem Lineal. Gerade Linien wirken steif und passen nicht zum Charakter solcher Motive.

Wie Sie sehen, ein interessantes Thema, jedoch nicht ganz einfach. Wenn Sie aber in erster Linie darauf achten, daß Ihr Bauwerk in die Landschaft und vor allem in Ihr Bild integriert ist, können Sie nicht fehl gehen.

Aussparung von Weiß

Es ist immer wieder die Rede vom Freilassen weißer Stellen. Ein Problem, mit dem wir uns in der Aquarellmalerei sehr häufig auseinandersetzen müssen. Da wir in der transparenten Maltechnik kein Deckweiß verwenden, bleibt uns nur die Möglichkeit, die weißen Stellen unbemalt zu lassen. Wie und wo diese Stellen ins Bild eingeplant werden, darüber ist in den vorausgegangenen Seiten immer wieder gesprochen worden, hier befassen wir uns mit der Technik. Da es äußerst wichtig ist, das sehr auffällige Weiß gut zu planen, will ich Sie nochmals darauf hinweisen. An interessanten weißen Stellen erkennt man erfahrene Aquarellisten. Es gibt verschiedene Techniken, um bestimmte Stellen des Papiers weiß zu bewahren: entweder mit unterschiedlichen Hilfsmitteln vor der Farbe schützen oder ummalen. Betrachten wir zuerst die Hilfsmittel mit ihren Vor- und Nachteilen.

Am einfachsten ist wohl die Verwendung von Klebefolien oder Klebestreifen. Sie schneiden diese genau passend zu und bedecken die gewünschten Stellen, um sie vor der Farbe zu schützen. Das Problem ist, daß sie harte, fast mechanische Konturen hinterlassen und manchmal die Farbe in die abgedeckte Fläche durchsickern lassen. Achtung beim Abheben der Folie, bei manchen Papieren reißt die Oberfläche ein, machen Sie einen Test.

Das nächste wäre Wachs oder weiße Wachskreide. Aufs Papier aufgetragen, stoßen sie Wasser und damit die Farbe ab. Wachs kann zwar mit Fließpapier und einem Bügeleisen wieder entfernt werden, aber auch durch wiederholtes Erwärmen und Absaugen wird es kaum ganz zu entfernen sein, so daß das Papier danach kaum noch bemalt werden kann. Der Vorteil, im Gegensatz zur Folientechnik, ist der, daß die Ränder der weißen Flächen nicht so hart sind und nach Belieben gestaltet werden können. Das wohl beliebteste Hilfsmittel ist Maskiergummi oder Rubbelkrepp. Dieses flüssige Abdeckmittel wird mit dem Pinsel auf die gewünschte Stelle aufgetragen und kann nach dem Trocknen übermalt werden, ohne daß das Papier verfärbt. Vor dem Abziehen oder Abrubbeln sollte die Farbe gut trocken sein, damit sie nicht verschmiert.

Noch ein Tip zum Schutz des Pinsels: Nehmen Sie ein Stück Seife und reiben die Haare gut ein damit. Das Abdeckmittel verbindet sich nicht mit der Seife, Sie können daher den Pinsel nach beendeter Arbeit leicht reinigen. Mit Maskiergummi lassen sich unregelmäßige Flächen und Ränder problemlos abdecken.

So gut diese Hilfsmittel auch sind, die damit ausgesparten Stellen wirken etwas steif oder sogar fremd. Es ist schwierig, sie trotz guter Plazierung ins Bild zu integrieren. Natürlich hängt es vom Motiv und vom Malstil ab, inwieweit man die Ränder stehen läßt oder sie noch weiter übermalt. Im Falle eines Baumstammes zum Beispiel kann die freigehaltene Fläche nachträglich modelliert werden und verliert dadurch an Härte.

Trotz einiger Nachteile ist es doch recht einfach, mit Abdeckmitteln zu arbeiten. Man braucht beim Malen die weißen Stellen nicht zu beachten und kann sich ganz auf den Farbauftrag konzentrieren.

Wie am Anfang dieses Buches erwähnt, bin ich nicht zu sehr für technische Tricks, vor allem nicht, wenn sie zur Stütze werden. Ein lockeres, leichtes Aquarell soll in allen Einzelheiten so ausgeführt werden. Aus diesem Grund bevorzuge ich die letztere Technik, das Ummalen. Auch hier müssen weiße Stellen gut geplant sein, im Resultat allerdings wirken sie spontaner und gemalt. Die Schwierigkeit ist, daß man sehr konzentriert arbeiten muß, um nicht durch Zufall über freizulassende Flächen zu malen. Am besten zeichnet man mit einem HB-Bleistift die Konturen aufs Blatt, legt zur Orientierung die Hell-Dunkel-Planung daneben und konzentriert sich beim Malen auf die weißen Stellen. Eigentlich gestaltet und verändert man beim Auftragen von Farbe mit jedem Pinselstrich die danebenliegende weiße Fläche, versuchen Sie darauf zu achten.

Anhand der Winterstimmung will ich Ihnen ein paar wichtige Dinge zu dieser Technik zeigen.

Der Baum wurde beim Anlegen des Hintergrundes ganz freigelassen und erst später etwas modelliert, ebenso wurden die dünneren Äste dunkel auf den trockenen Hintergrund gemalt. Der Baumstamm ist so in das Bild integriert, man sieht kaum, welche Äste freigelassen und welche nachträglich aufgemalt wurden. Achten Sie auf den hellen Streifen aus Lichter Ocker, er gibt den Anschein, als sei der Himmel hinter dem Baum durchgemalt. Um diesen Effekt zu erzielen, ist es wichtig, nicht Fläche um Fläche neben und zwischen den Ästen auszufüllen, sondern konsequent von oben mit horizontalen Pinselstrichen über die ganze Breite nach unten zu arbeiten. Die weißen Stellen, hier für die Äste gedacht, werden dabei übersprungen, um mit derselben Farbmischung im nächsten Feld fortzufahren. Versuchen Sie diese Übung mit

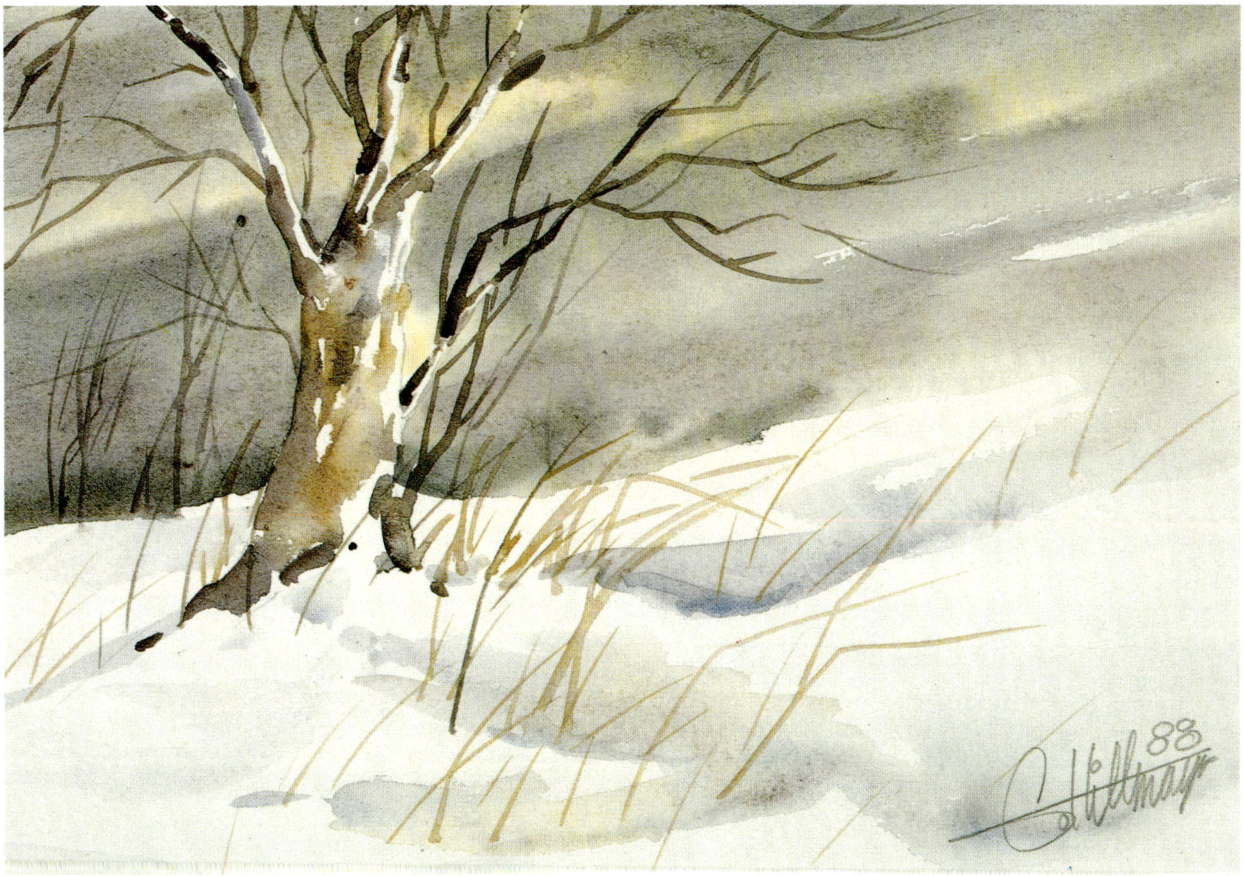

Winterruhe, 25 × 16 cm

unterschiedlichen Farben und Bäumen, achten Sie dabei auf die Konturen der Stämme und Äste. Ziehen Sie den Farbton bis zur Begrenzung, vergessen Sie keine Zwischenräume. Wenn Sie diese nachträglich ausmalen, werden Sie denselben Farbton nicht mehr nachvollziehen können.

Analysieren Sie andere Bilder in bezug auf diese Technik. Experimentieren Sie alle Möglichkeiten durch. Wählen Sie die für Sie am Angenehmste. Nicht die Mittel, sondern das Ergebnis zählt.

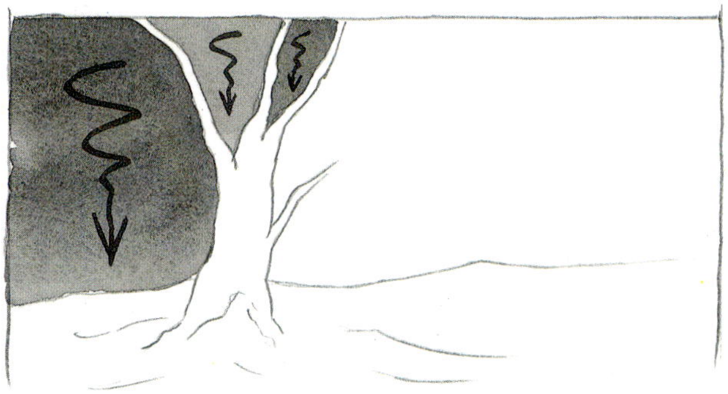

falsch

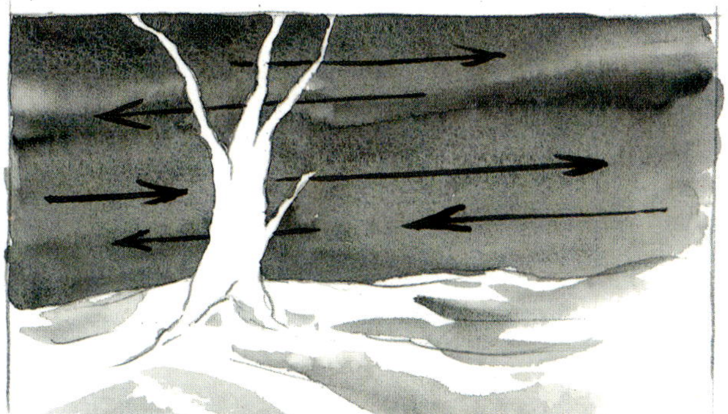

richtig

Motivsuche

Motive sehen und skizzieren

Vermutlich haben Sie schon die Erfahrung gemacht, plötzlich und unerwartet vor dem „idealen Motiv" zu stehen, ohne danach gesucht zu haben. Wiederum kann es passieren, daß man konzentriert danach sucht, aber ohne Erfolg. Eigentlich kein ungewöhnliches Problem, man muß lernen beziehungsweise sich bemühen, aus dem, was man sieht, Kompositionen zu bauen. Bilder werden gemacht, nicht gefunden. Denken Sie an diesen Satz, wenn Sie mal wieder auf Motivsuche sind. Das ideale Motiv, das ich eingangs erwähnt habe, gibt es meiner Ansicht nach sehr selten. Es kommt darauf an, was man daraus macht. Am besten ist, man entscheidet sich für ein ansprechendes Sujet und gibt dann sein Bestes. Spaß an der Sache sollte man haben und nicht zu erfolgsorientiert sein.

Inspiration allein genügt nicht, ein Aquarell will geschaffen werden. Sicher brauchen wir Anregungen, Ideen, Gefühle, kurz gesagt, Grundlagen für unsere Bilder. Für die Realisierung ist es wichtig, einen Weg, eine Methode zu finden. Nehmen wir an, Sie haben Lust aufs Malen, Sie gehen los und suchen nach einem Motiv. Wie finden Sie das? Selbst wenn Sie gezielt ein Ihnen bekanntes anvisieren, wie überprüfen Sie es auf seine Möglichkeiten?

Nun, wer noch nie in der Landschaft gemalt oder gezeichnet hat, wird von der Vielfalt der Dinge überwältigt sein. Schließlich hat unser Bildraum Grenzen, wir müssen uns entscheiden, was aufs Blatt soll und was nicht. Es geht darum, sich auf einen Bildausschnitt festzulegen. Um ein Auge dafür zu entwickeln, schneidet man einen kleinen Rahmen aus Pappkarton oder nimmt ein leeres Diarähmchen und blickt durch. Unterschiedliche Bildausschnitte ergeben sich durch Verändern des Abstandes zum Auge. Man bewegt den Rahmen horizontal, vertikal, langsam über die Landschaft und beobachtet das Verhältnis der Bildelemente zueinander und in Relation zum Bildraum, wie im Thema Komposition besprochen. Eine gute Komposition ist zwar wichtig, aber das Bedürfnis, ein bestimmtes Bild zu malen, kommt meistens aus dem Gefühl, Erlebtes und Gesehenes wiederzugeben. Wonach suchen wir also?
Gezielte Überlegungen erleichtern die Motivauswahl.

1. Das Thema
Was bewegt mich dazu, dieses Motiv malen zu wollen?

2. Der Charakter
Was ist typisch für dieses Motiv, was ist das Wesentliche?

3. Das Interessenzentrum
Was hebe ich hervor, worauf soll die Aufmerksamkeit des Betrachters gelenkt werden?

4. Die Auswahl
Was stelle ich dar, und was kann ich weglassen, um das Thema zu vermitteln?

5. Komposition
Welche Möglichkeiten bietet das Motiv für die Bildgestaltung?

6. Farbe
Mit welchen mir zur Verfügung stehenden und von mir bevorzugten Farben kann ich das Motiv am treffendsten wiedergeben?

7. Information
Verstehe ich das Motiv beziehungsweise das Wesentliche gut genug, um es zu malen?

8. Der Arbeitsablauf
Wie gehe ich vor, was mache ich zuerst, auf was ist besonders zu achten?

Hier ein paar Ideen zu diesen Überlegungen:
Eine Wetterstimmung wird voraussetzen, daß man einen größeren Ausschnitt der Landschaft ins Bild einbezieht und dafür Gegenstände wie Häuser, Bäume usw. nicht so groß und detailliert darstellt. Ein ungewöhnlicher Zaun wie in dem hier reproduzierten Aquarell muß hervorgehoben werden, wenn dieser meine Bildidee ist. Wie schon erwähnt im Thema „Gebäude in der Landschaft" sollte erkennbar sein, ob mein Interesse einem einzelnen Bauwerk oder seiner Umgebung gilt. Was ist das Unverwechselbare, das

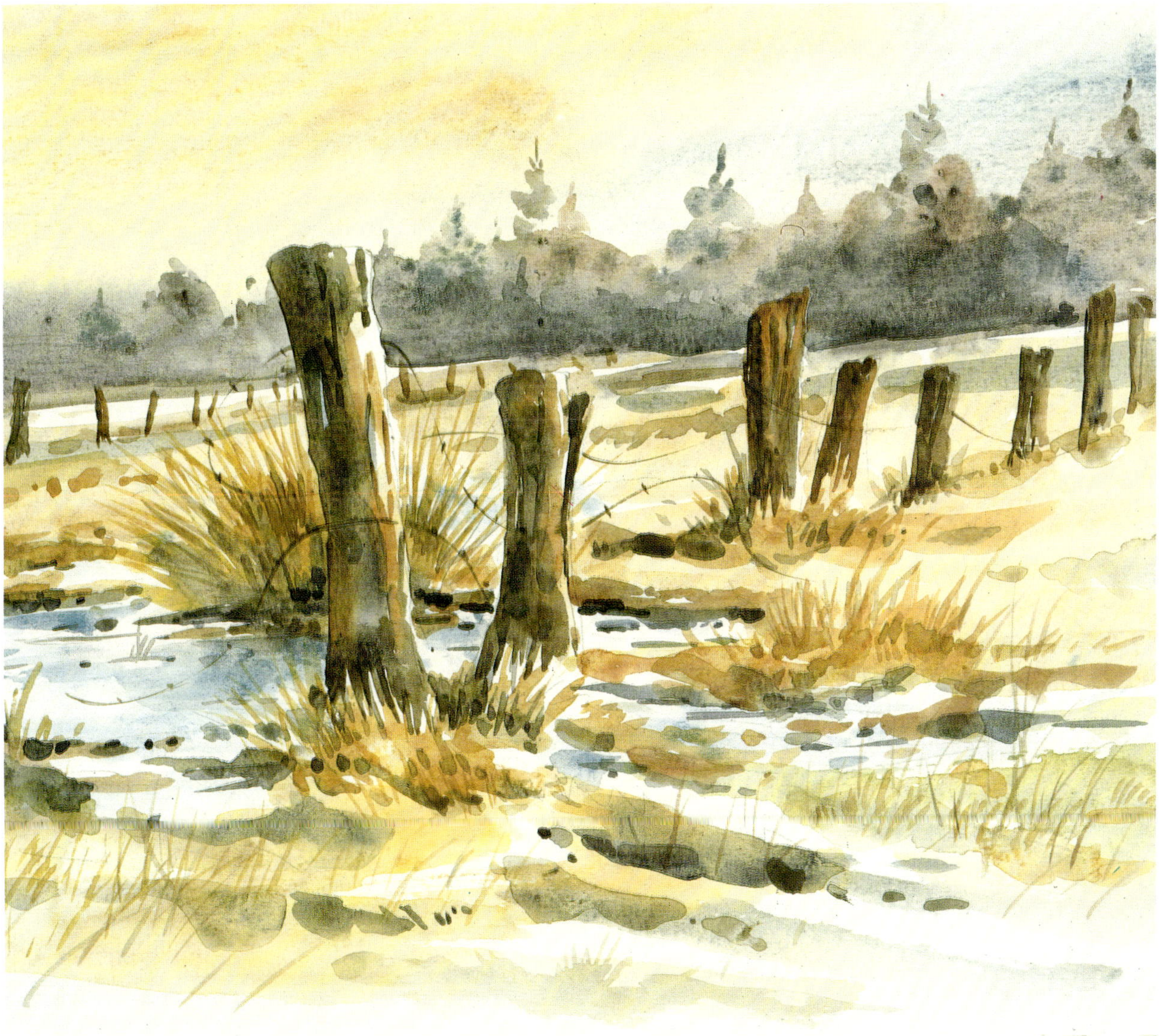

Weidezaun / Fraser Valley, 32 × 24 cm

Markante, was verbindet mich mit diesem Ort? Fast alle Bilder haben ein Interessenzentrum, dem alles andere untergeordnet ist. Dieses kann auf unterschiedlichste Art gestaltet sein, erinnern Sie sich im Thema „Komposition" an Hervorhebung und Gewichtung von Elementen. Auf jeden Fall sollte diese wichtige Stelle eines Bildes das Thema unterstreichen. Betrachten wir nochmals das Bild mit dem Zaun. Die beiden vordersten Pfosten sind die Hauptdarsteller und stehen, ähnlich wie Solotänzer eines Balletts, im Scheinwerferlicht beziehungsweise im Zentrum des Interesses. Ebenso geben diese Hauptdarsteller nähere Auskunft über das Thema: Wie erkennbar, handelt es sich hier nicht um Pfähle, sondern um abgesägte Bäume, die zu einem Weidezaun umfunktioniert wurden. Die zwei Baumstümpfe sind nicht nur durch Größe und Plazierung hervorgehoben, eine zugefrorene Pfütze betont sie zusätzlich, sie umgibt sie wie ein Rampenlicht. Dieses Motiv habe ich tatsächlich so gefunden, aber es hat sich mir nicht aufgedrängt. Es wurde interessant gemacht durch Betonung und leichte Veränderungen im Abstand und Winkel der Pfosten zueinander, ebenso durch die farbliche Gestaltung.

Natürlich können viele Dinge im Brennpunkt einer Komposition stehen, zum Beispiel Bäume, Büsche, Gebäude, auch nur Teile davon wie Fenster, alte Mauerwerke oder ein interessanter Kontrast kann zum Zentrum der Aufmerksamkeit werden. Dies bringt uns zu weiteren Bildideen, nach denen es lohnt zu suchen. Manchmal ist es nicht ein Gegenstand, sondern eine besondere Situation, die sich anbietet.

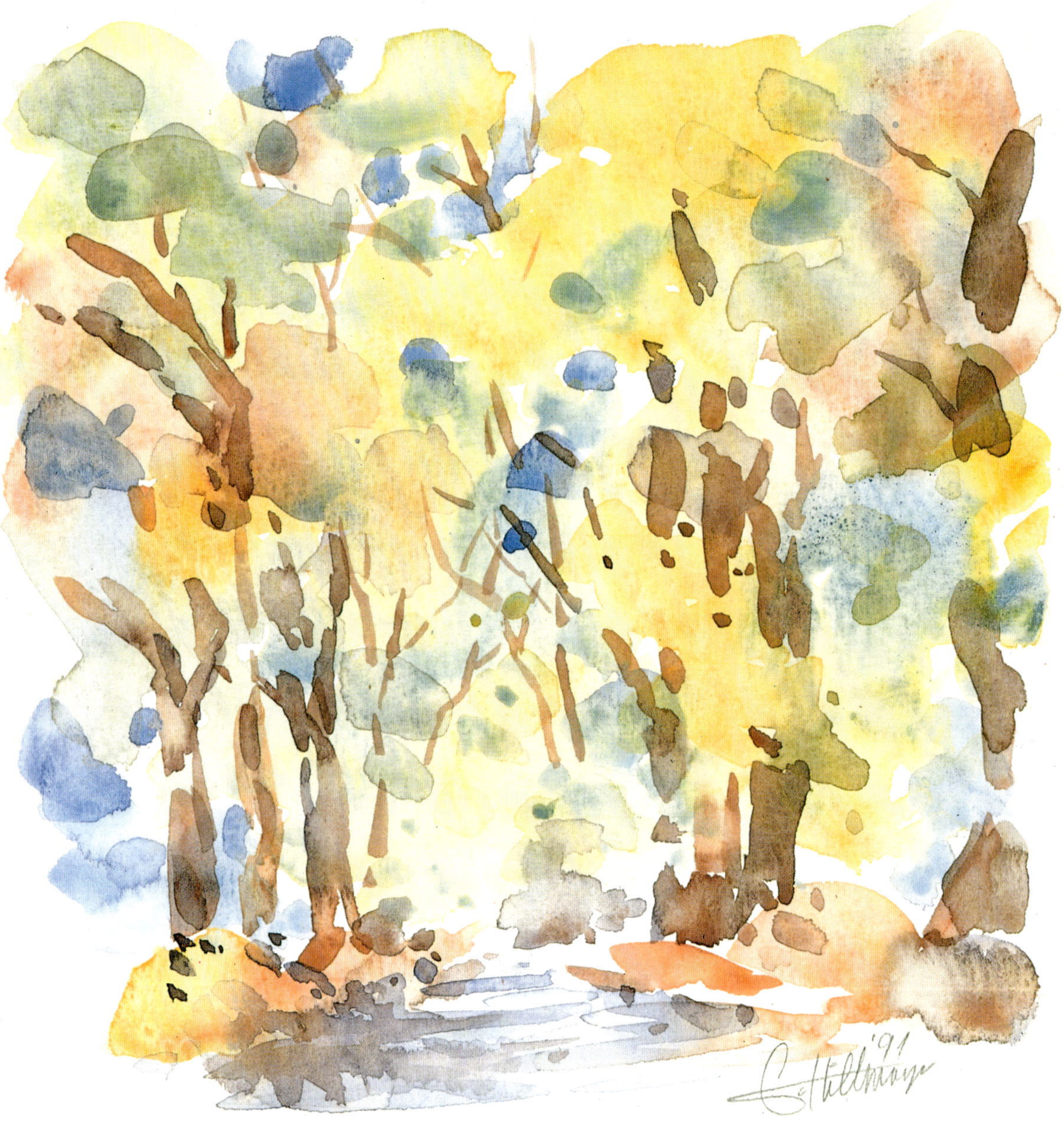

Bild oben: Allee, 19 × 19 cm
Bild rechts: Obstgarten, 27 × 18 cm

Betrachten wir die sehr spontane Aquarellskizze der Allee, die oben abgebildet ist.

Nicht die fast symmetrisch gleichmäßige Anordnung der Bäume am Straßenrand hat mich interessiert, sondern das spannende Farbspiel. Der Kontrast in dem warmen Gelb der Blätter zu dem kalten Blau des durchscheinenden Himmels war der Reiz. Die Baumstämme sind sehr locker gemalt, um nicht von der Farbe abzulenken. Auch hier habe ich einen Brennpunkt geschaffen, zu dem das Auge immer wieder zurückkehrt, nämlich die blauen Punkte in der sonst ruhigen Stelle oberhalb der Bildmitte.

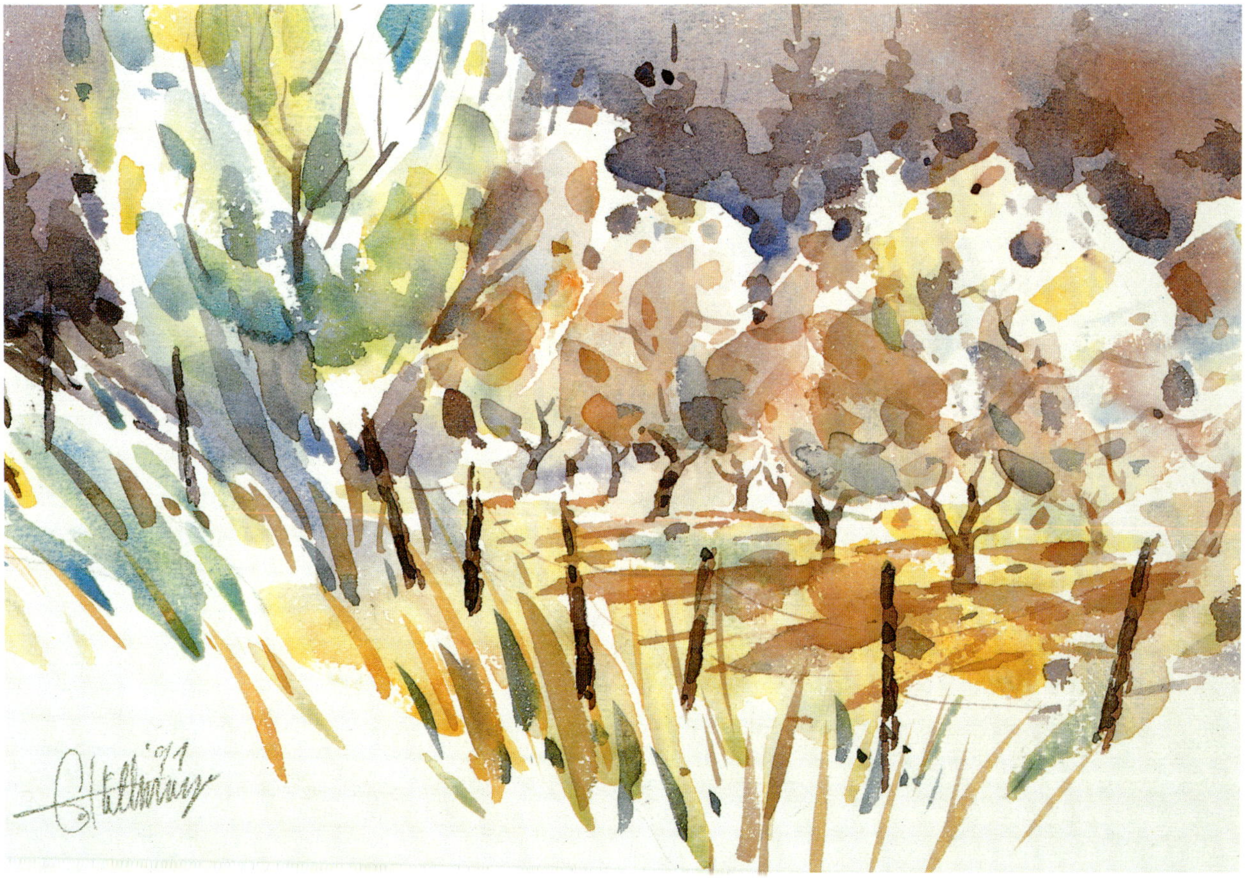

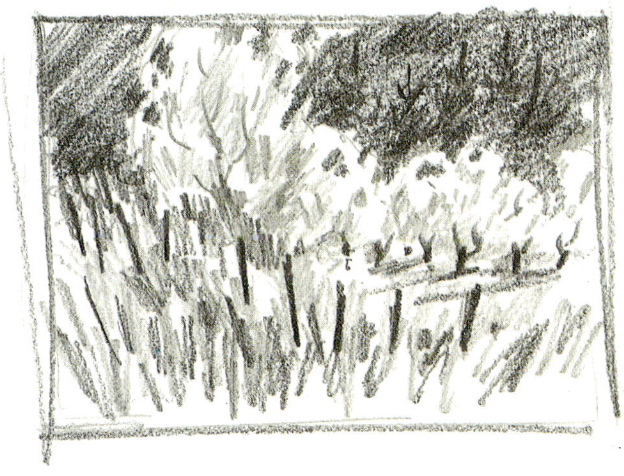

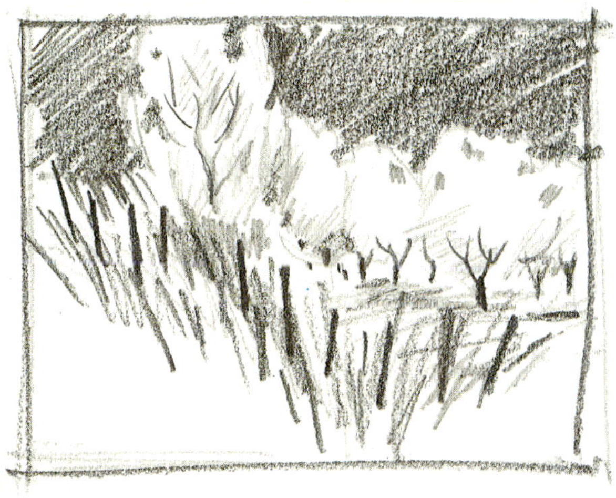

Bleiben wir beim Kontrast. Da er eine sehr große Rolle in der Aquarellmalerei spielt, sind viele Kompositionen auf dem Hell-Dunkel-Kontrast aufgebaut. Das Reizvolle an dem Bild mit den blühenden Obstbäumen war der starke Kontrast der weißen Blüten zu dem dunklen Wald im Hintergrund. Das sekundäre Element sind die Zaunpfähle, die den Rhythmus der dunklen Baumstämme aufgreifen und fortsetzen. In der Skizze zu diesem Bild sehen Sie auch, welche Rolle Formen und Bildraumaufteilung spielen.

Zusammenfassend will ich nochmals verschiedene Möglichkeiten aufführen, nach denen Sie Ausschau halten sollten, um interessante Motive zu erkennen.

- Allgemeine Themen wie Stimmungen, Eindrücke usw.
- Bestimmte Dinge als Interessenzentrum
- Farbkontraste
- Hell-Dunkel-Kontraste
- Interessante Formen und Kompositionen.

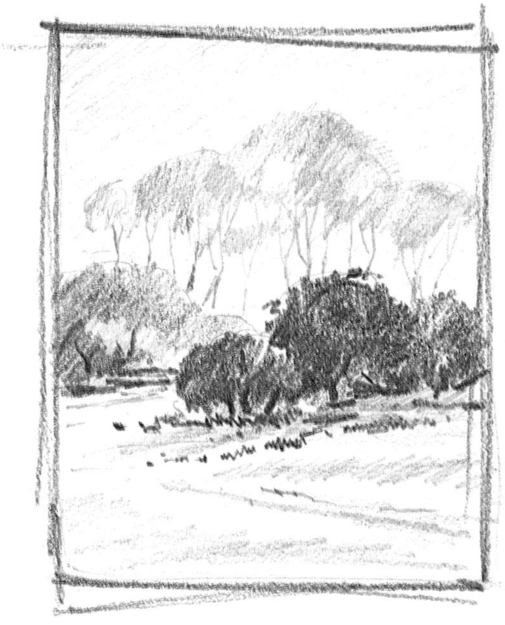

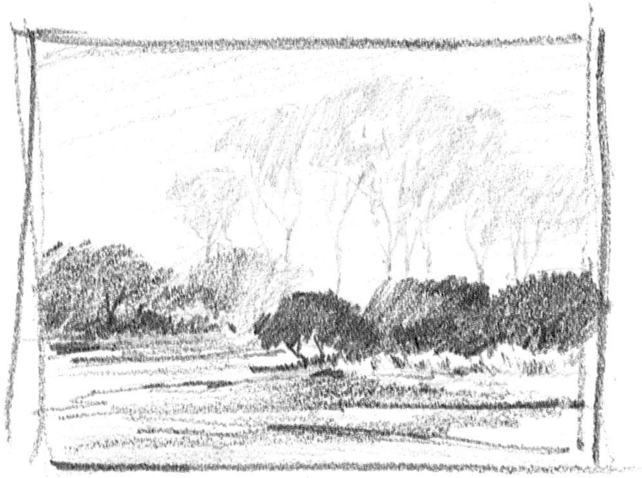

Skizzieren

Wenn Sie ein vielversprechendes Motiv gefunden haben, sollten Sie daran gehen, es zu prüfen. Solange man das Motiv nur vor Augen und in der Vorstellung hat, kann man nicht sagen, ob es auch als Bild wirkt. Dieser Prüfstein ist für mich die Bleistiftskizze. Wie schon im Thema „Komposition“ erwähnt, brauchen diese Skizzen nicht sehr groß zu sein, aus diesem Grund werden sie auch „Daumennagelskizzen“ genannt. Der Vorteil solcher spontanen Bleistiftstudien liegt darin, daß man schnell und ohne in Details zu gehen, mehrere Möglichkeiten testen kann. Man denkt auf dem Papier, verändert und ordnet Formen und Hell-Dunkel-Werte, hält Informationen fest und lernt das Motiv kennen.

Viele Entscheidungen werden mit Hilfe dieser Studien erleichtert: Der Ausschnitt einer Landschaft kann festgelegt werden, Kompositionen ausgearbeitet, Interessenzentren entwickelt und Möglichkeiten zur Vereinfachung gefunden werden. Sie sehen, wie wertvoll dieser Schritt in der Realisierung eines Aquarells ist. Wie Fotografen ihre Kameras, so sollten auch Sie immer Ihren Skizzenblock und Bleistift dabei haben. In diesem Buch weise ich immer wieder darauf hin, wie wichtig es ist, die Natur zu beobachten und vor Ort zu arbeiten. Wenn Ihnen am Anfang dabei wenig gelingt, ist das nicht weiter schlimm, denn Malen im Freien will gelernt sein wie das Aquarellieren selbst. Ein wichtiger Schritt dazu ist das Zeichnen, man lernt zu beobachten und zu erfassen und sammelt dabei wertvolle Ideen für spätere Bilder.

Größere und technisch schwierige Aquarelle muß man sowieso zu Hause malen, denn sie erfordern konzentriertes Arbeiten. Wie Sie im Beispiel der Riedstimmung und des Alpenmotives im Thema Berge sehen, mache ich die Skizzen dafür vor Ort. Auch für spontane Aquarelle in der Natur ist die Skizze ein wichtiger Schritt in der Vorbereitung. Skizzieren hilft mir, meine Gedanken zu ordnen und schnell wechselnde Lichtverhältnisse festzuhalten. Selbstverständlich plane ich dabei auch die Komposition und den Arbeitsablauf. Während des Aquarellierens liegt die Skizze immer neben mir zur Orientierung bei wichtigen Passagen: Wo ist die hellste Stelle, was muß hervorgehoben, was kann weggelassen werden; Dinge, die bei raschem Arbeiten schnell übergangen werden.

Bauen Sie Ihre Skizzen wie ein Aquarell auf, zuerst mit einem HB-Bleistift die hellen bis mittleren Grauwerte einlegen, natürlich mit Berücksichtigung der weißen Stellen. Als nächstes setzen Sie mit einem 4B- oder 5B-Bleistift die mittleren bis dunklen Werte in die Komposition. Mit dieser Methode planen Sie zugleich den Arbeitsablauf, Sie machen sich Gedanken über die Reihenfolge der Farbaufträge. Wenn Sie Skizzen anfertigen, um sie später zu Hause als Grundlage für Aquarelle zu verwenden, ist es eine gute Idee, gleich Farbnotizen oder Mischvorschläge zu notieren.

Bild rechts: Riedstimmung, 27 × 35 cm

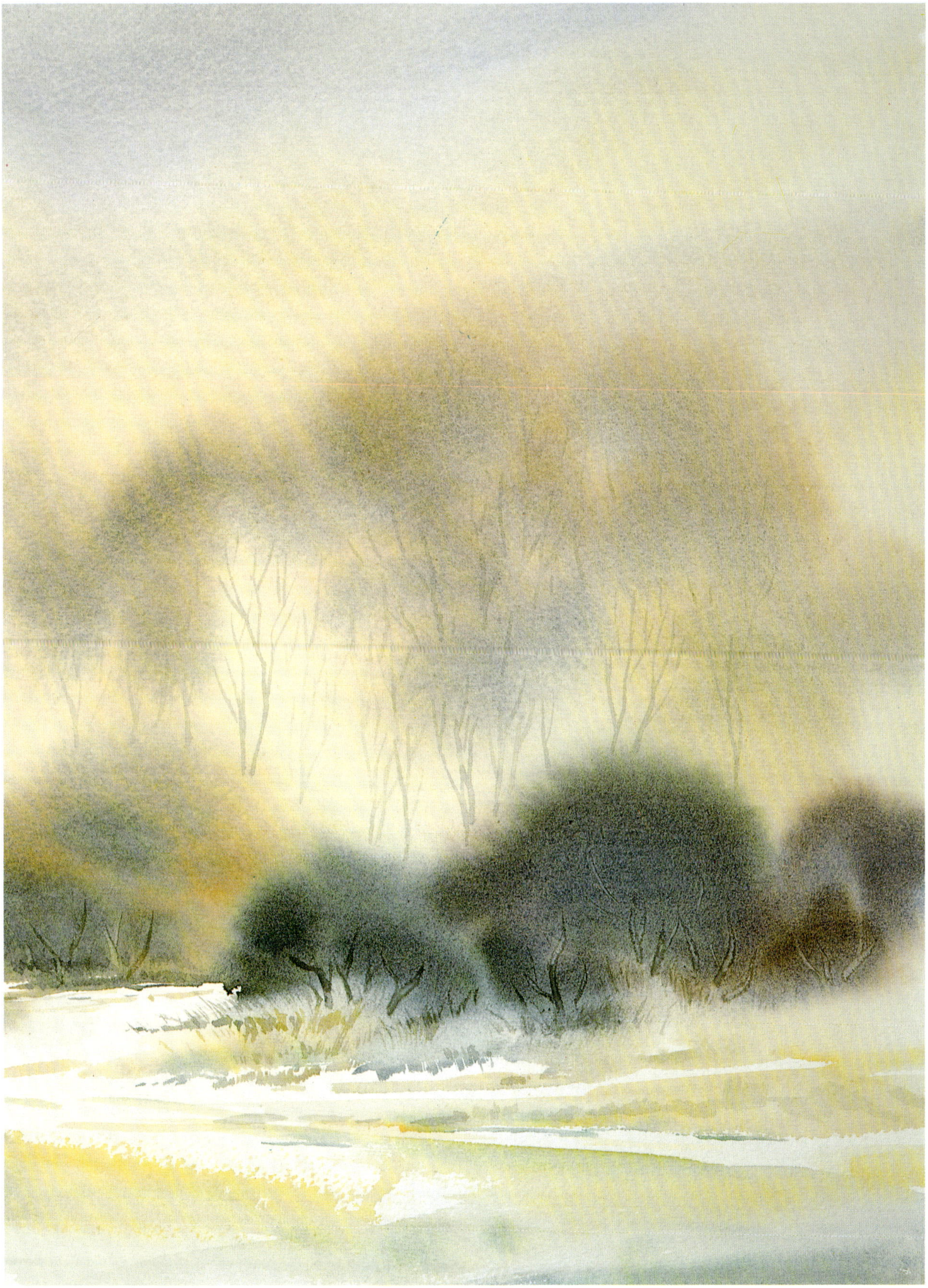

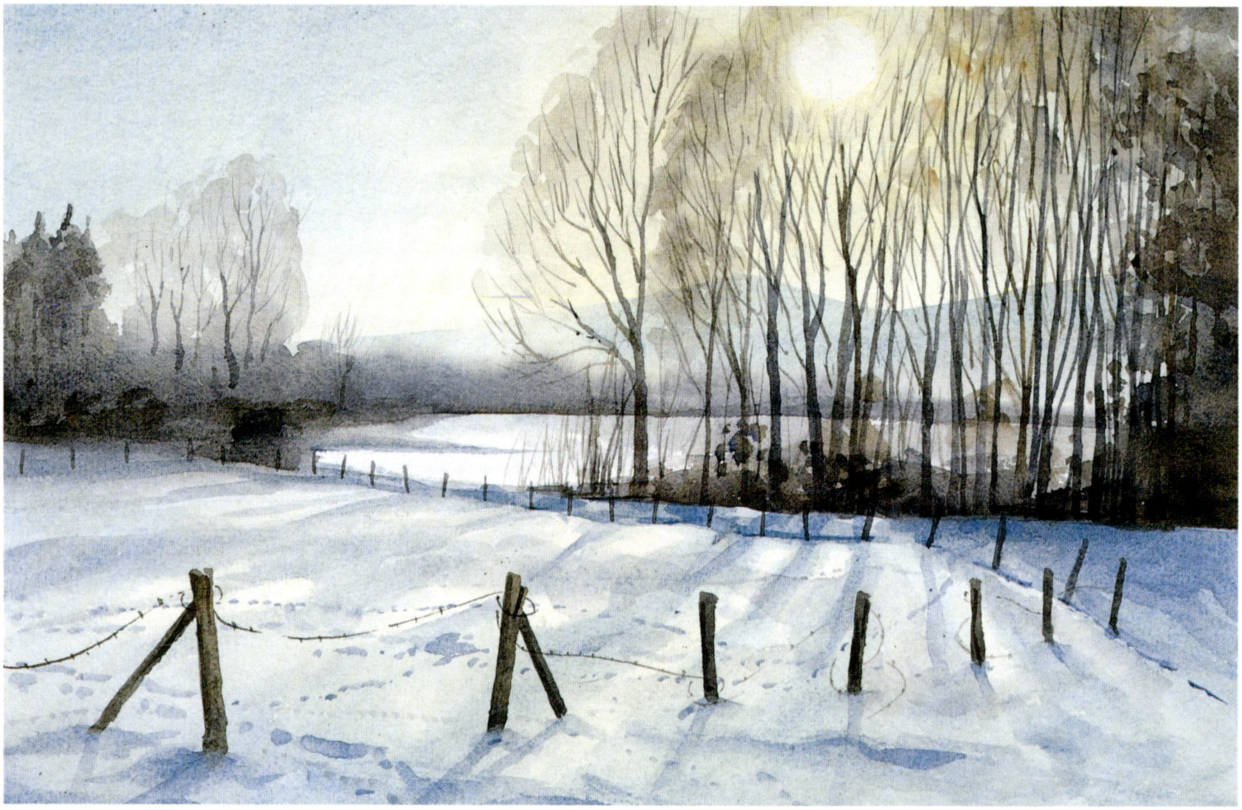

Licht verändert die Landschaft

In mehreren Beispielen habe ich immer wieder darauf hingewiesen, wie wichtig es ist, farblich und durch Hell-Dunkel-Abstufungen Lichtwirkungen ins Bild zu bringen. Licht bringt Leben in eine Landschaft. Licht ist das Leben eines Aquarells. Aus diesem Grund will ich Sie darauf aufmerksam machen, das Licht in der Landschaft ständig zu beobachten und beim Malen zu berücksichtigen.

In der Natur ist die Sonne unsere Lichtquelle. Sie wirkt auf das Motiv direkt und indirekt. Direktes Licht haben wir überall dort, wo Sonnenstrahlen auftreffen. Viele dieser Stellen sind sehr hell und bieten sich an, auf dem Papier weiß gelassen zu werden. Natürlich können wir Licht nicht immer mit weißem Papier andeuten, in direktem Sonnenlicht wirken alle Farben wärmer, und so verwenden wir für entsprechende Passagen warme Töne. Mit Gelb bis Rot kann man die betreffenden Lokalfarben aufwärmen, für grünes Gras kann man sogar Orange verwenden. Der Teil eines Gegenstandes, der nicht direkt beleuchtet wird, nimmt die Farbe des indirekten oder reflektierten Lichtes an. An einem klaren Tag wird dies vom blauen Himmel zurückgestrahlt, die Schatten wirken daher kühler. Wenn Licht allerdings von irgendwelchen Oberflächen reflektiert wird, kann sich deren Farbe auf andere Dinge oder Schatten ebenso übertragen. Ein Motiv kann sich drastisch verändern, je nachdem, wie die Sonne steht. Mit der Sonne im Rücken ist es wohl am schwierigsten zu malen, es sind kaum Schatten erkennbar, und alles ist sehr hell. Seitenlicht ist deshalb interessanter, man sieht Licht und Schatten, die zwar immer in Bewegung sind. Für Ungeübte ein Problem, andererseits zwingt es uns, durch rasches Arbeiten spontan zu bleiben. Durch die Veränderung bietet uns ein Motiv immer wieder neue Variationen.

Das Aquarell mit der Schneelandschaft demonstriert eine Gegenlichtsituation. Das Licht bringt Leben in diese eintönige, kalte Winterstimmung. Alles, was direkt von der Sonne bestrahlt wird, scheint wärmer. Der Kontrast der kalten, blauen Töne unterstreicht die Lichtwirkung. Korrekte Darstellung der Schatten ist immer wichtig, wenn man die Illusion vom Licht schaffen will. Dabei kommt es nicht so sehr darauf an, jeden einzelnen Schatten naturgetreu auszuarbeiten. Die Richtung des Schattenwurfs ist maßgebend und sollte gut beobachtet werden. Berücksichtigen Sie auch, daß Schatten direkt am

Bild links: Wintersonne, 42 × 32 cm
Bild rechts: Hatzenturm, 27 × 19 cm

Gegenstand dunkler und genauer sind, mit zunehmendem Abstand werden sie heller und verschwinden fast ganz. Gegenlichtsituationen wie diese sind relativ einfach zu malen, da die Landschaft als Silhouette dargestellt wird. Die Sonne muß nicht unbedingt mit ins Bild kommen.

Soweit haben wir nur vom Licht an einem sonnigen Tag gesprochen. Was aber passiert an einem grauen Regentag? Wir haben nicht mehr den Unterschied zwischen Licht und Schatten, also keine ganz hellen und warmen Stellen und keine deutlichen Schatten mehr. Alle Farben sind kühler, und das gleichmäßige, diffuse Licht taucht die Landschaft in Grautöne. Es gibt allerdings sehr zarte Unterschiede. Manchmal ist noch eine Spur vom warmen Sonnenlicht vorhanden, dies bietet dann die Möglichkeit, Leben ins Bild zu bringen.

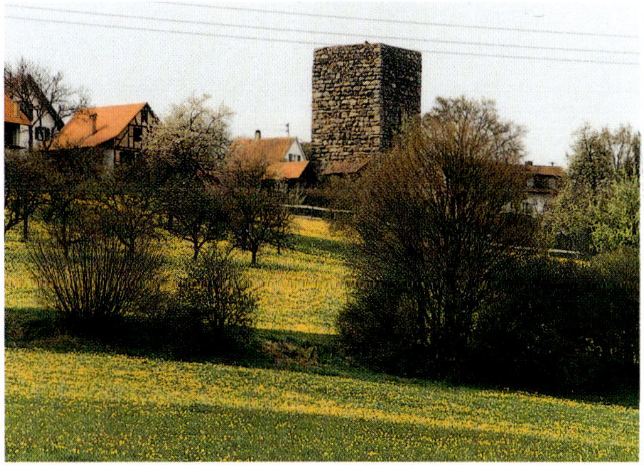

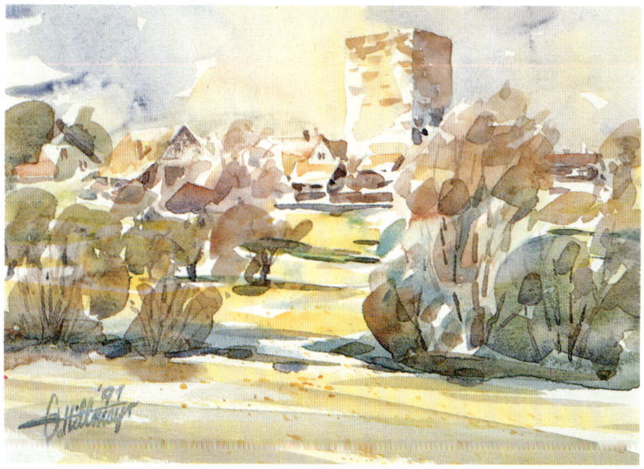

Malen nach Fotos

Auch wenn das Malen in der Natur noch so viel Spaß macht, man hat nicht immer Zeit oder die Möglichkeit, die idealen Lichtverhältnisse am Ort wahrzunehmen. Daumennagelskizzen genügen nicht in jedem Fall für die Arbeit zu Hause, bei manchen Motiven benötigt man etwas mehr Information. Man kann ausführlichere Zeichnungen oder schnelle Aquarellstudien als Grundlage für spätere Bilder anfertigen. Trotzdem möchte ich die Kamera als nützliches Hilfsmittel erwähnen, um potentielle Motive einzufangen. Diese Methode wird oft zu Unrecht als Mogelei verachtet. Wichtig ist, daß man ihre Nachteile kennt und Fotos nicht als Stütze oder Vorlage zum Kopieren verwendet. Der Vorteil ist eindeutig, man kann Motive festhalten, die sich schnell verändern, schwer zugänglich sind und zum Beispiel auf Reisen in kurzer Zeit viele Eindrücke mit nach Hause nehmen.

Wichtig ist auf jeden Fall, daß man bei jeder Gelegenheit die Natur beobachtet und vor Ort zeichnet und malt. Nur so erhält man die Freiheit und Sicherheit, ein Foto auch als das zu benützen, was es sein soll, nämlich ein Hilfsmittel. So gesehen kann die Fotografie sogar ein Teil des Kreativprozesses sein. Eine wesentliche Voraussetzung ist allerdings, daß Sie Ihre Fotos selber machen. Sie suchen das Motiv selbst und wählen den Ausschnitt. Wenn sich die Möglichkeit ergibt, mache ich zu meinen Aufnahmen gleichzeitig Skizzen und Farbnotizen. So lerne ich das Motiv kennen und bin nicht an die Farben der Filmhersteller gebunden. Versuchen Sie auch mal, nach Schwarzweißfotos zu malen, diese überlassen Ihnen die Auswahl der Farben.
Als Beispiel will ich Ihnen hier ein Aquarell zeigen, das ich vom Foto gemalt habe. Das Reizvolle an diesem Motiv war für mich die Frühjahrsstimmung mit den leuchtenden Farben. Das Bild wurde zwar vom Foto gemalt, die Idee kam vom Eindruck vor Ort. Um genügend Information zur Verfügung zu haben, machte ich fünf Aufnahmen aus verschiedenen Positionen. Nach der Hell-Dunkel-Planung und Überlegungen zur Farbgestaltung habe ich mich für eine lockere Malweise entschieden, um nicht Gefahr zu laufen, das Foto zu kopieren. Außerdem kommt dieser Stil der heiteren Frühjahrsstimmung entgegen. Da sich auf dem Foto nichts verändert, sollte man absichtlich etwas spontaner arbeiten. Fühlen Sie sich auch beim Malen nach Fotos frei, Dinge zu verändern oder ganz wegzulassen.

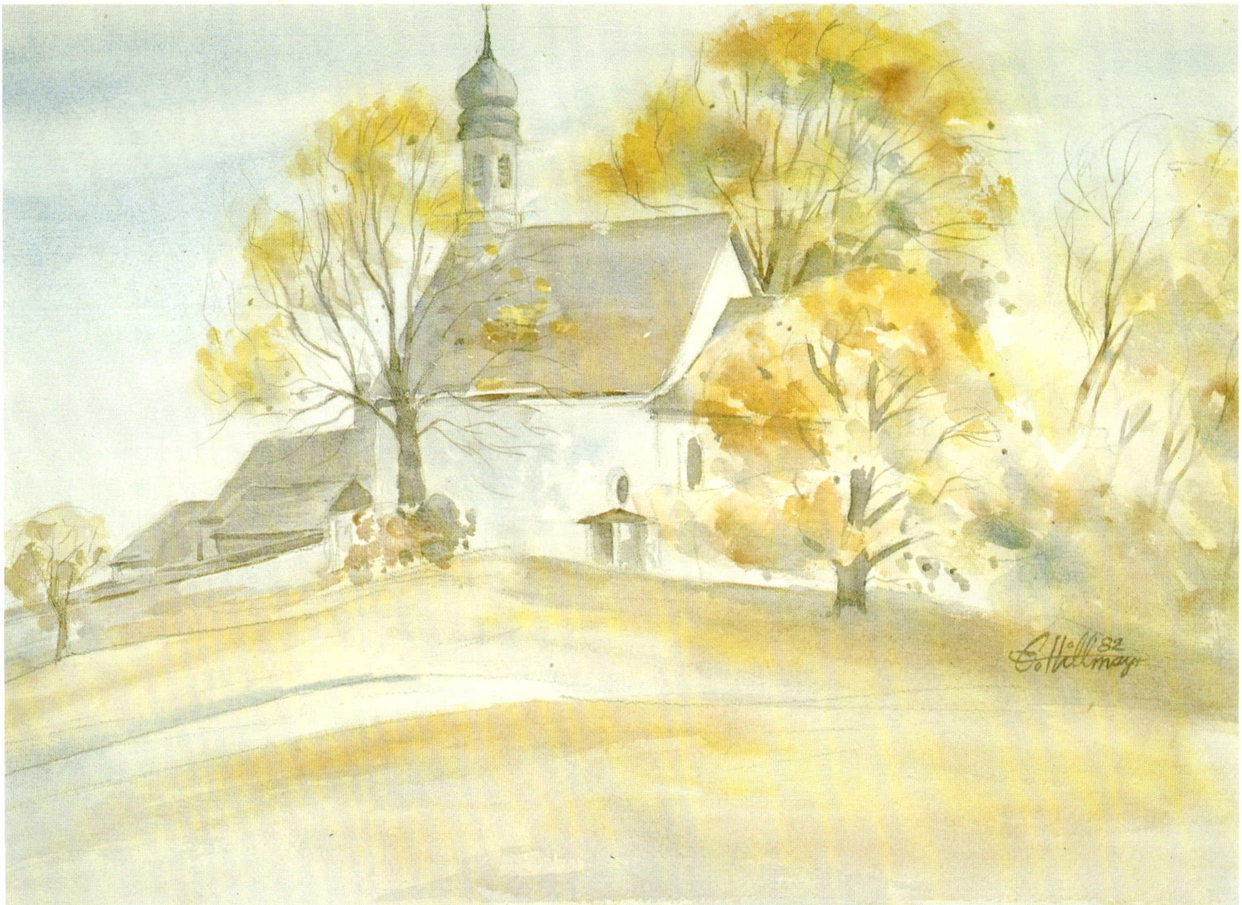

Bild oben: Loreto Kapelle / Wolfegg I, 49 × 33 cm
Bild rechts: Loreto Kapelle / Wolfegg II, 36 × 27 cm
Bild rechts unten: Toskana, 11 × 16 cm

Vereinfachung

„Weniger ist mehr", diese altbekannte Weisheit ist so treffend für die Aquarellmalerei. Alles bis ins Detail Ausgearbeitete langweilt uns. Was aber mit wenig Aufwand dargestellt oder durch Weglassen angedeutet wird, macht uns nachdenklich. Der Betrachter wird in den Kreativprozeß einbezogen durch die Aufforderung, das Nichtvorhandene in seiner Phantasie zu fertigen. So schwierig es ist, Gedanken in wenig Worte treffend zu fassen, will es ebenso geübt sein, das Wesentliche eines Motivs mit wenig Pinselstrichen einzufangen. Dabei kommt es nicht nur auf die Reduzierung der Striche an, sondern in erster Linie auf die Erfassung und Vereinfachung von komplexen Formen und Farben. Nicht jede Einzelheit oder Schattierung der Natur muß nachgeahmt werden. Versuchen Sie, Grundformen, charakteristische Merkmale und zusammenhängende Farbpassagen zu erkennen. Aus diesem Grund sollten Sie, wie schon erwähnt, die Augen zusammenkneifen, damit alle überflüssigen Details verschwinden.

Beobachtung und ein Blick fürs Ganze sind wichtige Voraussetzungen zur Vereinfachung. Experimentieren Sie mit immer neuen Möglichkeiten, Dinge darzustellen, ohne sie mit einem Übermaß an Detail zu malen.

Als Anregung will ich Ihnen hier zwei Beispiele vorstellen: Dasselbe Motiv mit der Kapelle auf ganz unterschiedliche Art gemalt. Einmal liegt der Schwerpunkt auf der genaueren Abbildung, das andere Mal auf der Spontanität des Mediums. Die Stärke des rasch gemalten Aquarells liegt in der Frische der Farben und Pinselstriche.

Sie sehen hier auch deutlich, daß sich die Vereinfachung weniger auf das Weglassen von Dingen als auf den Aufwand, mit dem sie gemalt sind, bezieht. Im letzten Beispiel habe ich die Landschaft mit Olivenbaum und Zypressen sehr spontan, aber mit einer klaren Vorstellung zur Bildraumaufteilung gemalt. Solche Studien, ausgeführt mit einem relativ großen Pinsel, dienen zur Auflockerung und geben neue Ideen zur Vereinfachung.

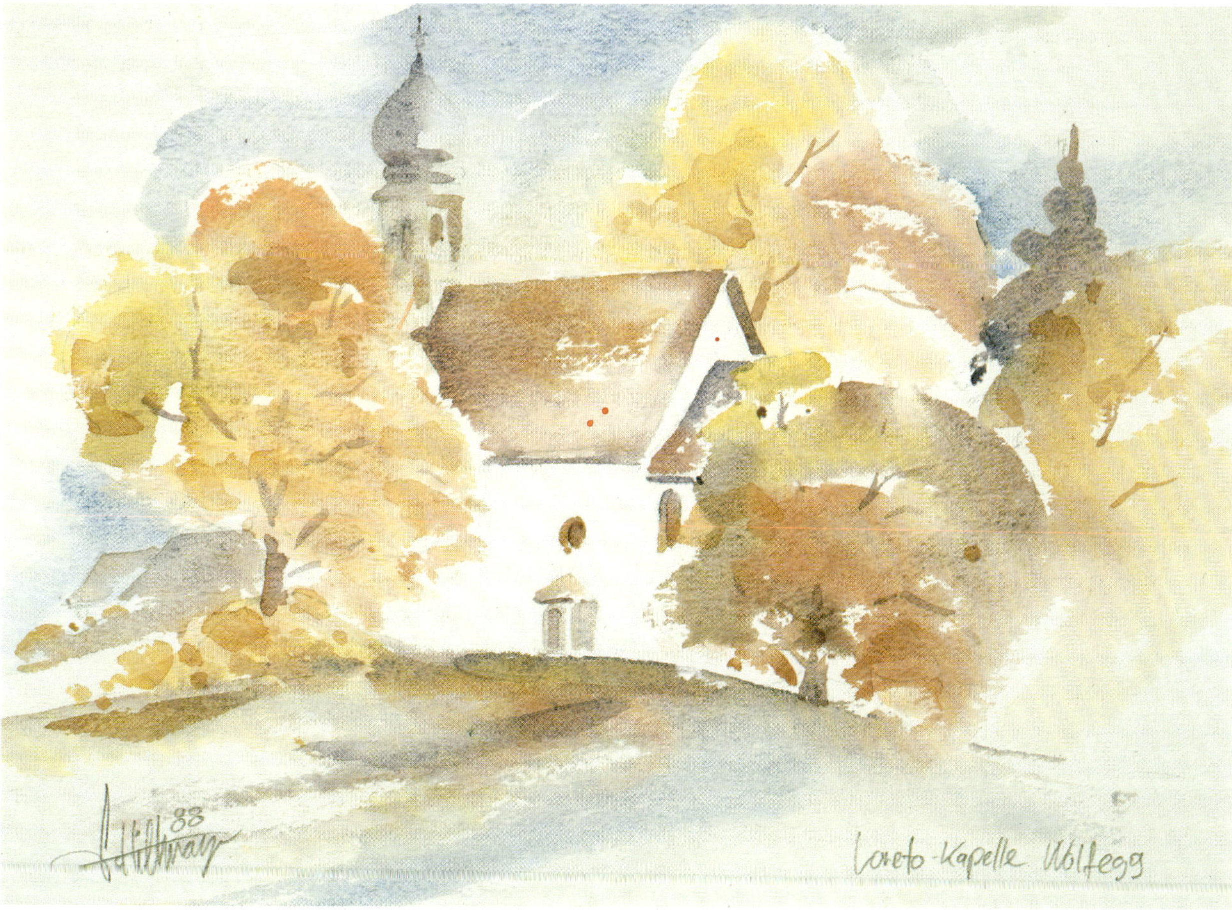

Nachbemerkung

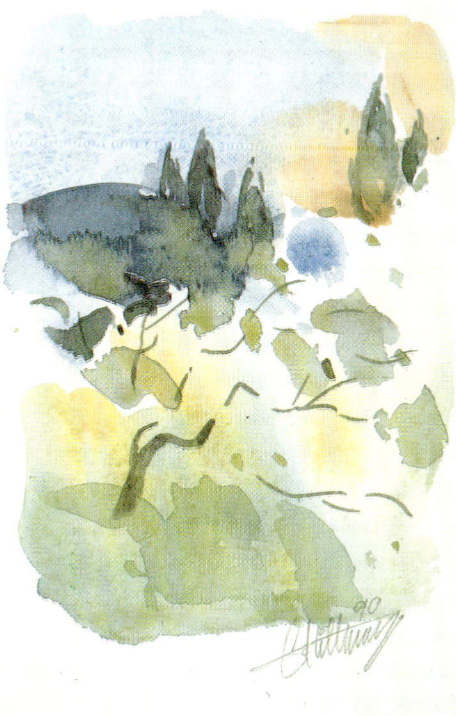

Sehr wahrscheinlich haben Sie schon die Erfahrung gemacht, daß Ihre Aquarelle besser gelingen, je regelmäßiger Sie malen.
Oft höre ich die Entschuldigung, ich würde gerne öfters malen, aber ich habe keine Zeit. Dabei muß man nicht immer gleich Stunden zur Verfügung haben, es bedarf oft nur einer kleinen Überwindung, den Pinsel zur Hand zu nehmen und einen Abstecher in die Welt der Farben zu machen. Hat man erst einmal angefangen, wird es schnell zum Bedürfnis, mehr und mehr zu malen. Gute Ideen und Inspirationen häufen sich, wenn man viel malt. Zum Schluß wünsche ich Ihnen viel Spaß und Erfolg.

Bild letzte Seite: Laubwald, 19 × 27 cm

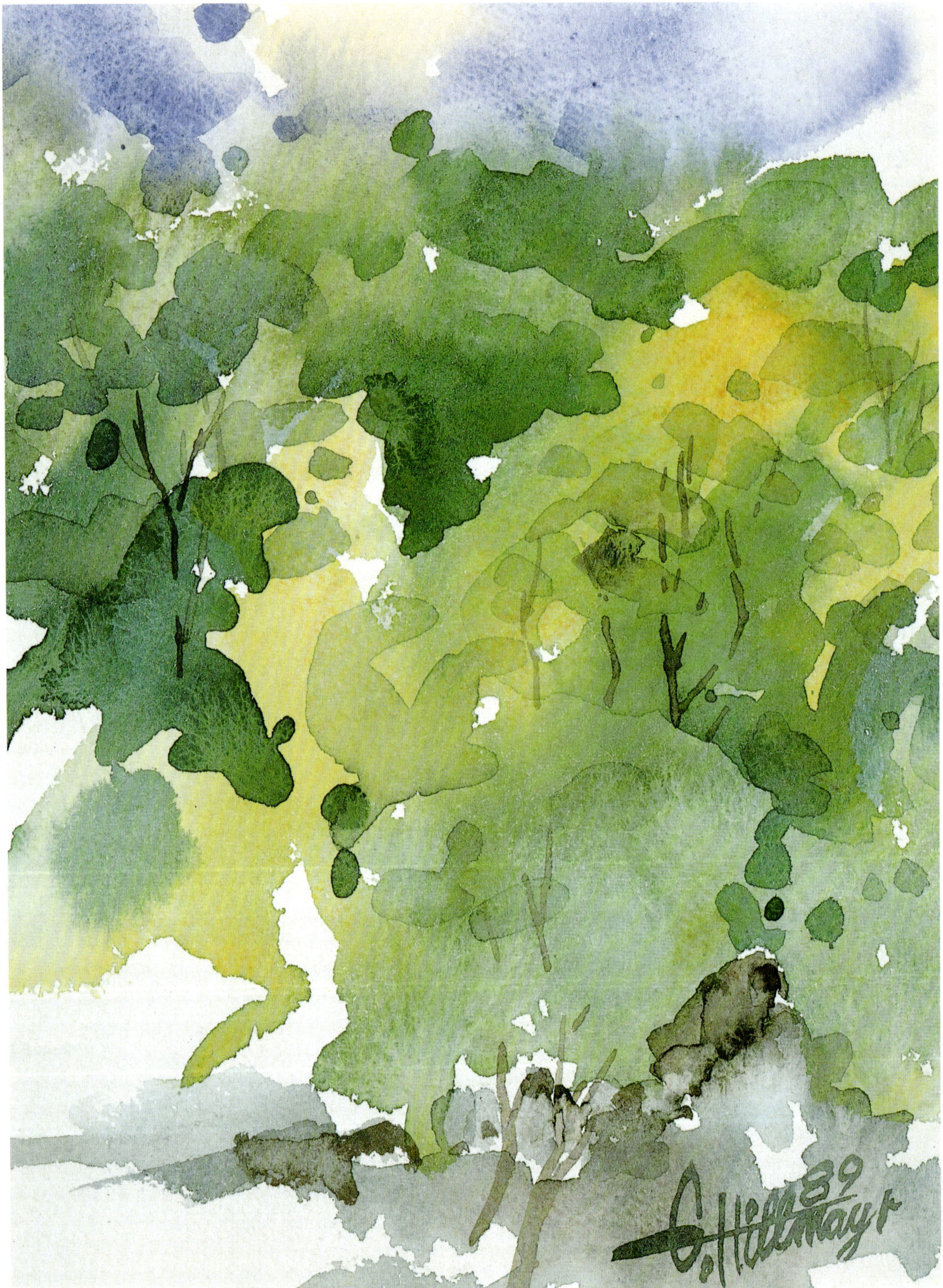